Tina Hellwig

Reliefbildung an Küsten - Fachwissenschaftliche und fachdidaktische Betrachtungen

GRIN Verlag

Bibliografische Information der Deutschen Nationalbibliothek:

Die Deutsche Bibliothek verzeichnet diese Publikation in der Deutschen Nationalbibliografie; detaillierte bibliografische Daten sind im Internet über http://dnb.d-nb.de/ abrufbar.

Impressum:

Druck und Bindung: Books on Demand GmbH, Norderstedt Germany
ISBN: 978-3-656-28958-6

Dieses Buch bei GRIN:

http://www.grin.com/de/e-book/202484/reliefbildung-an-kuesten-fachwissenschaftliche-und-fachdidaktische-betrachtungen

Die folgende Arbeit soll einen Überblick über die Reliefbildung an Küsten geben. Dabei wird ein besonderer Fokus auf deren Klassifikation gelegt werden und an ausgewählten Beispielen Prozesse und der substanzielle Aufbau verschiedener Küstenformen untersucht werden. Da es im Rahmen dieses Textes nicht möglich ist, die Vielzahl der aller vorkommenden Küstentypen zu betrachten, wurden exemplarisch Korallen-, Nehrungs-, Watt- und Kliffküsten zur Bearbeitung ausgewählt. Diese wurden praktisch an deutschen, europäischen und außereuropäischen Gebieten dargestellt. Ein Exkurs in die momentane Forschung erfolgt im Bereich der zerstörten Küsten, wobei genauer auf die Erosionsvorgänge und deren Voranschreiten eingegangen wird.

Als Grundlage werden davor Einflussfaktoren auf die Reliefbildung beschrieben.

Im zweiten Teil der Arbeit folgt ein fachdidaktischer Exkurs. Hier wurden Lehrpläne und Lehrbücher analysiert. Um den Gegensatz zwischen Bundesländern mit und ohne Küstengebiete zu verdeutlichen, dienen zur Veranschaulichung Schleswig-Holstein und Nordrhein-Westfalen.

„Es ist ein weites Feld.“

Theodor Fontane: Effi Briest

Teil A: Fachwissenschaftliche Betrachtungen

Als Küste bezeichnet man jenen Übergangsbereich zwischen dem Meer und dem Festland, der sowohl von marinen Einflüssen, als auch von subaerischen Faktoren beeinflusst wird. Demnach kann die Küstenregion keine eindeutige Grenze in Form einer Linie sein, wie es oftmals auf topographischen Karten in größeren Maßstäben (1:10 000 bzw. 1:5 000) üblich ist (KELLETAT 1989, S. 83f). Vielmehr stellt die Küste einen Übergangsbereich dar, der noch einmal in verschiedene Regionen untergliedert werden kann, wie die folgende Abbildung verdeutlicht.

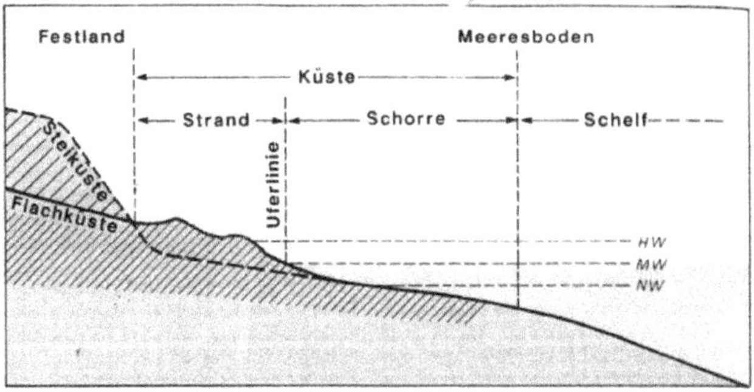

Abbildung 1: Küstenmorphologische Begriffe. (nach: WILHELMY 1992, S. III, 110).

Der Strand bezeichnet hierbei jenen Teil des Festlandes, auf den die Brandung des Meeres noch eine formschaffende Wirkung ausübt (WILHELMY 1992, S. III, 110). Dies geschieht in Form von Wellen, die im regulären Gezeitenverlauf das Festland bei Flut überspülen, aber auch Sturmfluten und das so genannte Salzspray (Wassertröpfchen aus dem Meer, die bei der Brandung auf das Festland geschleudert werden) beeinflussen den Strand (ZEPP 2008, S. 262f). Meerseitig wird der Strand durch die Uferlinie begrenzt, die den mittleren Wasserstand zwischen Hoch- und Niedrigwasser während der Gezeiten darstellt. Im Anschluss daran folgt die Schorre, die bis zu jenen Punkt im Meer reicht, an dem die Brandung noch eine Wirkung auf den Meeresboden hat; jedoch maximal in 10 Metern Tiefe. Abschließend folgt das Schelf (WILHELMY 1992, S. III, 110).

2. Einflussfaktoren

Im Folgenden sollen basierend auf einer Ausführung von WILHELMY (1992, S. III, 109) die Einflussfaktoren, die die Küstenbildung bedingen, näher untersucht werden. So seien besonders die Wellenenergie, die Widerständigkeit des Gesteins und das Klima entscheidend. Die Auswirkung der Gezeiten auf den Küstenraum werden im Kapitel 3.2.2.2 näher erläutert und untersucht.

2.1 Wellen

Die Energie, mit der die Wellen auf das Festland auftreffen ist von enormer Wichtigkeit für die Formungsprozesse der Küste, da abhängig von ihr Akkumulations- oder Abrasionsprozesse stattfinden (WILHELMY 1992, S. III, 109). Diese Wellenenergie ist von den drei Grundgrößen Fortpflanzungsgeschwindigkeit, Wellenlänge und Wellenperiode abhängig.[1]

Trifft also zum Beispiel eine Welle mit geringer Geschwindigkeit auf das Festland auf, hat die Welle nicht genug Energie, um eine erodierende Wirkung ausüben zu können, wodurch kaum Materialtransport in Richtung des Meers vonstattengeht. Stattdessen lagern diese Wellen feine Sedimente ab. So entstehen Flachküsten wie Strände.

Liegt jedoch eine hohe Wellenenergie vor, hat dies eine wesentlich stärkere (schneller voranschreitende) Auswirkungen auf die Küste. Dies hängt insbesondere mit der Brandung zusammen, die entsteht, wenn die Wellen brechen. Dies wiederum kann entweder aufgrund des ansteigenden Meeresbodens geschehen oder wenn die Wellen eine Geschwindigkeit von über 13 km/h haben. Es entstehen so genannte Sturzbrecher, die zu Turbulenzen des Wassers und zu einer Erosion des Meeresbodens führen. Dabei wird das abgetragene Material mit dem Meer weiter transportiert. Es erfolgt somit eine Abrasion der Küste, die jedoch durch Akkumulationsprozesse mitunter ausgeglichen werden kann.

„Besonders an Westküsten (südliches Südamerika oder Europa) sowie innerhalb der Wendekreise bei Einflüssen tropischer Stürme" herrscht eine hohe Wellenenergie (KELLETAT 1989, S. 90). Binnen-, Rand und Nebenmeere hingegen sind durch ihre geschützte Lage weniger von starken Wellenwirkungen betroffen.

---

[1] Die Formel zur Berechnung lautet C=L/T
C= Fortpflanzungsgeschwindigkeit der Welle
L=Wellenlänge
T=Wellenperiode

Kelletat fasst den Einfluss der Wellen auf der Erde wie folgt zusammen: Es „ergibt sich eine Anordnung geringer Wellenhöhe und Wellenwirksamkeit in hochpolaren Regionen wegen des häufigen Eisverschlusses, eine kräftige Wellenwirkung nach Höhe und Ausdauer in den Mittelbreiten beider Halbkugeln (den Sturmgürtel) sowie geringere Wellenhöhe und Wellenhäufigkeit in den Subtropen und Tropen mit Ausnahme kleinerer Gebiete, wo Wirbelstürme Einfluss auf die statistische Gesamtverteilung nehmen können" (KELLETAT 1989, S. 90).

Abschließend soll nach der Betrachtung des Transportvermögens des Meeres noch einmal auf die chemischen Vorgänge eingegangen werden, die das Wasser hervorrufen. Als „water layer weathering" wird ein Prozess bezeichnet, der aus dem Wechsel zwischen Anfeuchtung und Abtrocknung der Schorre (zum Beispiel durch Gezeitenwirkung, Überflutungen und Salzspray) resultiert. Es kommt hierbei zu einer starken Verwitterung durch Salzsprengung; Kalke und Salzgesteine unterliegen hier karstartigen Lösungsprozessen, die ebenfalls eine Abrasion zur Folge haben (WILHELMY 1992, S. III, 116).

2.2 Das Gestein des Festlandes

Die Beschaffenheit des Gesteins beeinflusst die Geschwindigkeit der Erosionsprozesse und ist von besonderer Bedeutung für die Ausbildung und Gestalt von Kliffen (vgl. Kapitel 3.3.1)(WILHELMY 1992, S. III, 109). Die Beschaffenheit wiederum ist abhängig von der Gesteinsart und der Gesteinsstruktur.

Lockermaterialküsten lassen sich selbstverständlich wesentlich leichter abtragen als Festgesteinsküsten. Dies geschieht zum einen durch das Meer selbst. Weiterhin dient das mitgeführte Material des Wassers als „Waffe" gegen das Festgestein. Mitgeführte Steine und Sedimente schleifen die Küste ab oder brechen gegebenenfalls ganze Teile ab. Doch auch Luft, die durch die Wellen mit starkem Druck in Spalten oder Löcher des Gesteins gepresst wird, kann zu Abspaltungen führen (WILHELMY 1992, S. III, 116). Diese Prozesse gehen bei lockeren Gesteinsarten wie Sedimentgesteinen schneller vonstatten (KELLETAT 1989, S. 98). Hat das Gestein eine mergelig-tonige Konstanz kann es zusätzlich zu der Abrasion zu Rutschungen kommen, die weitere Teile des Festlandes zerstören. Tonmineralien wirken so wie eine Gleitschicht (GIERLOFF-EMDEN 1980, S. 1223).

Betreffend der Gesteinsstruktur sind „Klüftung[en] und tektonische Störungen sowie Schichtung, Bankung und Schieferungsflächen [...] bevorzugte Abtragungsfronten" (WILHELMY 1992,

S. III, 117), da Unterbrechungen im Relief und der Oberfläche der Erde begünstigend wirken.

2.3 Klima

Nach WILHELMY tragen die klimatischen Verhältnisse sowohl direkt als auch indirekt zu der Herausbildung der Küstengestalt bei. Zum einen beeinflusst das Klima indirekt den bereits untersuchten Faktor der Wellenenergie und der Verwitterung. So sind die vorherrechenden Windsysteme entscheidend für die Entstehung von Sturmwellen, die wiederum zu starker Abrasion führen (WILHELMY 1992, S. III, 109). In trockenen Gebieten wirkt die Salzsprengung stärker und so wirkt das klimatische Verhältnis indirekt auf die Geschwindigkeit des Prozesses bei (GIERLOFF-EMDEN 1980, S. 1223). Auch Frostsprengung kann zu der Abtragung von Küsten beitragen (KELLETAT 1989, S. 115).

Zum anderen bestimmt das Klima direkt die Verbreitung bestimmter Küstenformen.

Besonders das Korallenriff und die Mangrovenküsten sind stark von den klimatischen Verhältnissen abhängig und kommen dementsprechend im Vergleich zu anderen Küstenformen nur in einem relativ begrenzten Gebiet vor. Entscheidend ist hierbei besonders die Temperatur; sie entscheidet über Wuchskraft, Höhe und Artenzahl. Bei den Mangrovenküsten ist weiterhin der Niederschlag von großer Bedeutung (WILHELMY 1992, S. III, 130). Auf diese beiden Küstenformen wird im Kapitel 3.2.1 näher eingegangen werden.

Auch das Vorhandensein von Eis hat einen enormen Einfluss auf die Küstenregionen. Neben dem bereits erwähnten Vorgang der Frostsprengung kann auch die mechanische Wirkung von im Wasser mitgeführten Eis als formbebender Faktor erwähnt werden, da es ebenfalls Material aus dem Festland herausbrechen kann.

Das Vorkommen von Eisfüßen in kalten Regionen der Erde ist eine besondere Erscheinung. Im Winter lagert sich Meereis an der Küste an, das so als stabile Stütze für Felstrümmer und Schnee dient. Im Frühsommer löst sich dieser Sockel von der Küste und führt dazu, dass die aufgelagerten Materialien in das Meer fallen (KELLETAT 1989, S. 116f).

3.1 Grundlage der Gliederung

In dieser Arbeit soll die Küstenklassifikation nach Herbert Valentin als Grundlage dienen, da diese die heterogenen Küstenformen sinnvoll gliedert und so in der Geomorphologie zu einer (noch) allgemeingültigen und akzeptierten Art der Gliederung geworden ist.

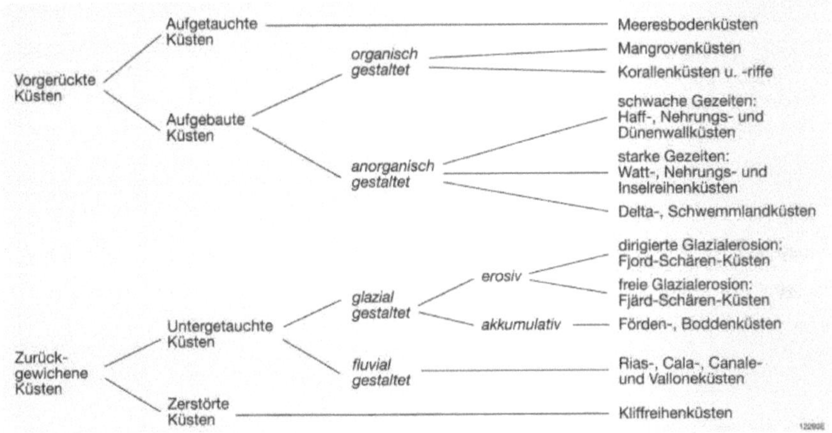

Abbildung 2: Stark vereinfachte Darstellung der Küstenklassfikation nach Valentin. (nach: http://www.diercke.de/bilder/omeda/800/12293E.jpg).

Grundlage dieser Klassifikation ist die Unterscheidung zwischen jenen Küsten, auf die akkumulierende Prozesse Einfluss hatten und sie somit in Richtung des Meeres vorgerückt sind und den Küsten, an denen das Meer mittlerweile weiter in Richtung des Festlandes gewandert ist. Diese Gliederung beinhaltet somit drei Faktoren: genetische und deskriptive Aspekte der Küsten sowie die Bewegungen der Küstenlinie. Welchen Einfluss diese auf die Erscheinungstypen der Küsten haben, soll in den folgenden Kapiteln genauer analysiert werden.

Natürlich ist es nicht möglich, einen umfassenden Überblick über alle Küstenformen, die auf dieser Erde vorzufinden sind, zu geben, da die große Varietät den Rahmen dieser Arbeit sprengen würde.

Somit muss eine Auswahl erfolgen, durch die einige Küstentypen wie etwa alle Arten der untergetauchten Küsten außer Acht gelassen wurden. Stattdessen wird auf die Kliffküste näher eingegangen, da die dort auftretenden zerstörenden Prozesse des Meeres aktuell noch beobachtbar sind und somit eine Vielzahl aktueller Forschungsliteratur vorzufinden ist, auf die an jener Stelle ebenfalls verwiesen werden soll.

Nicht erwähnt werden weiterhin die Meeresbodenküsten und die Delta- und Schwemmlandküsten. Letztgenannte gehören zu den anorganisch gestalteten Küstenformen. Da wir bei diesen jedoch das typische deutsche Beispiel der Gezeitenlandschaft vorziehen, welches auch den Schwerpunkt des fachdidaktischen Teils dieser Arbeit ausmacht, wird nicht näher auf sie eingegangen.

3.2 Aufgebaute Küsten

3.2.1 Organisch gestaltete Küsten

Unter organisch aufgebauten Küsten versteht man Küsten, die durch organische Substanzen, wie Pflanzen oder Tiere, aufgebaut sind. Das können zum einen Mangrovenküsten sein und zum anderen Korallenküsten.

3.2.1.1 Mangrovenküsten

Mangrovenküsten sind Wattküsten die in tropischen Gezeitenmeeren als Mangrovenküste ausgebildet sind. Diese Küste wird durch einen Mangrovenwald gebildet. Mangroven sind eine vegetationsform, die viel Wärme braucht. Für das Wachstum von Mangroven spielt der Niederschlag keine Rolle. Dadurch können sie an extrem regenreichen Küsten sowie an ariden Küsten vorkommen. Mangrovenküsten kommen hauptsächlich in den Innertropen vor (WILHELMY 1992, S. 130-131).

3.2.1.2 Korallenriffe

Korallenriffe sind die wichtigsten organischen Küstenformen, die entweder anorganisch gestaltete Küsten als additive Elemente säumen oder selbst Küsten bilden (KELLETAT 1989, S. 150). Kaum zwei Korallenriffe sind in morphologischer und ökologischer Hinsicht gleich. Am Bau von

Korallenriffen sind nicht allein Korallen beteiligt sondern auch andere Organismen. Meistens leben riffbildende Korallen in Symbiose mit Algen.

Dadurch, dass Algen für ihr Wachstum Licht benötigen, also Photosynthese betreiben, bilden sich Korallenriffe in der Nähe des Meeresspiegels. Hier sind sie auch am üppigsten entwickelt. Korallenriffe sind über die ganze Welt verteilt, hauptsächlich in den Gebieten warmer Gewässer der Ozeane.

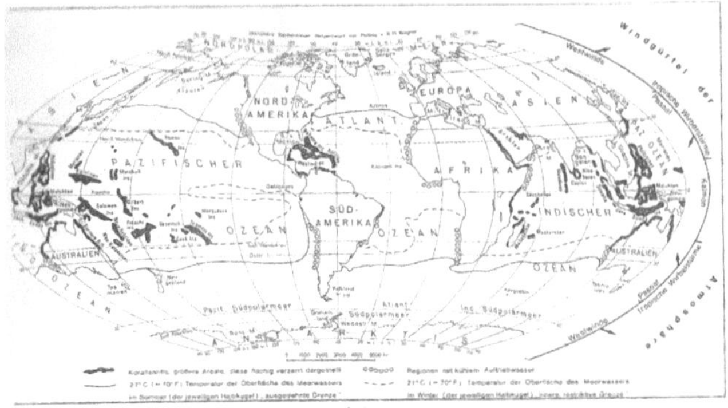

0.2 Verbreitung der Korallen und Grenzen der Temperaturzonen des Meeres

Abbildung 3: Verbreitung von Korallenriffen. (nach: GIERLOFF-EMDEN 1980, S. 957).

Korallenriffe und -inseln sind von unterschiedlicher Größe; auch ihre biologische Zusammensetzung ist sehr variabel.

Nach Darwin und weiteren Forschungen unterscheidet man heute vier Haupttypen von Korallenriffen. Diese sind: Saumriff (fringing reef), Barriereriff (barrier reef), Atoll und Plattformriff (patch reef). Allgemein ist das Riff wie folgt aufgebaut. Außen befindet sich das tiefer gelegene Unterwasserriff mit Hang und Böschung. Danach folgt die äußere Kante mit lebenden Korallen, weiter folgt eine Sandwattzone. Im Inneren befindet sich eine zentrale Wattzone oder Lagune (GIERLOFF-EMDEN 1980, S. 960-961).

Damit sich Korallenriffe zunächst erst einmal ausbilden können, spielen zahlreiche Bedingungen eine Rolle. Zunächst ist für die Herausbildung die Temperatur sehr wichtig. Optimale Wachstumsbedingungen finden Riffkorallen bei Temperaturen zwischen 25°C und 30°C. Die Toleranzgrenzen für das Wachstum liegen bei minimal 20°C und maximal 38°C. Jedoch kann dieser Toleranzbereich um ein bis zwei Grad variieren, je nachdem um welche Korallenart es sich handelt. Jahreszeitliche Temperaturschwankungen müssen innerhalb dieser Grenzen liegen, ansonsten sterben die Korallen ab und das Riff kann sich nicht weiter herausbilden. Daher können sich die meisten Riffe nur innerhalb der Wendekreise herausbilden. Ein weiterer Faktor für das Korallenwachstum ist der Salzgehalt. Am besten gedeihen Korallen bei einem Salzgehalt von 33‰

und 37‰. Durch Süßwasserüberschwemmungen, auch wenn diese nur kurzfristig sind, wird das Wachstum von Korallen verhindert. Das bedeutet das Korallenriffe nicht an Flussmündungen oder in Gebieten mit vielen Überschwemmungen durch Süßwasser aufgebaut sind.

Eine weitere Einflussgröße ist Luft. Haben Korallen Kontakt mit dieser, kommt es zum Absterben. Daher gedeihen sie nur unter dem Springniedrigwasser. Auch die Wasserqualität spielt für den Aufbau von Korallenriffen eine wichtige Rolle. Das Wasser muss sauerstoffhaltig und sauber sein. Daraus ergibt sich das sich Korallenriffe hauptsächlich an Luvseiten von Inseln gedeihen können, weil dort eine ständige Wasserzirkulation gegeben ist. Dadurch, dass das Wasser sauber sein sollte, ist es auch wichtig, dass der Sedimentgehalt sehr gering ist. Durch eine Sedimentbedeckung kommt es ebenfalls zum Absterben der Riffkorallen. Da Korallen meist in Symbiose mit Algen vorkommen, ist es auch wichtig, dass ausreichend Licht für die Bildung von Korallenriffen vorhanden ist. Demnach ist der optimale Lebensraum die ober Schicht des Meerwassers bis ca. 5 Meter Tiefe, teilweise aber auch bis zu 25 Meter Tiefe (GIERLOFF-EMDEN 1980, S. 962- 965).

Atolle sind ovale oder rundliche Riffe mit einer deutlichen zentralen Vertiefung einer sogenannten Rifflagune (KELLETAT 1989, S. 153). Etwa 300 Atolle befinden sich im indo-pazifischen Raum und ca. 10 im karibischen Raum. Die Atolle im indo-pazifischen Raum besitzen Lagunen mit bis zu 80 Meter Tiefe. Vor mehr als 100 Jahren zog Charles Darwin schon Schlüsse über die Entstehung von Atollen. Er nahm an, dass Atolle aus Vorformen wie Saumriff und Barrierriff hervorgegangen seien. In der rechten Zeichnung wird gezeigt, wie die Genese eines Korallenriffs nach der Theorie von Darwin von statten geht. Zuerst ist eine Vulkaninsel mit Saumriff sichtbar. Der Inselkern senkt sich. Dabei finden langsame Senkungsprozesse statt, sodass das Korallenwachstum Schritt halten können. Während des Absenkens bildete sich ein Wallriff, auch als Barriereriff bekannt, heraus. Nach weiterem Absenken bildete sich schlussendlich das Atoll heraus. Darwins Theorie war umstritten, da nach Daly die verschiedenen Rifftypen auch durch Meeres-

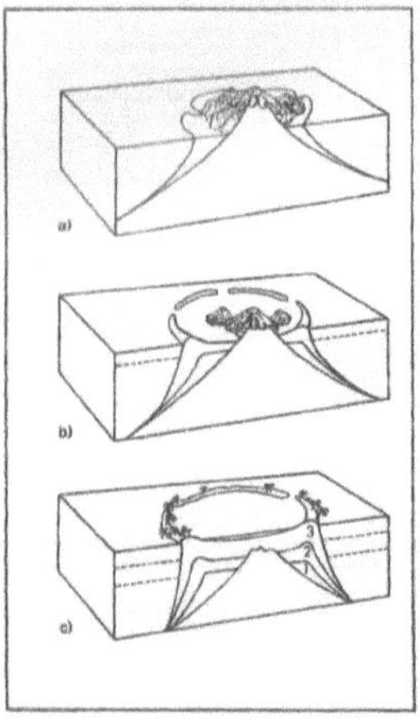

Abb. 38: Genese der Korallenriffe (nach Theorie von CH. DARWIN)

a) Vulkaninsel im Saumriff
b) absinkender Inselkern mit Wallriff
c) Atoll
1–3: Untertauchungsphasen, denen die angedeuteten Korallenmäntel zuzuordnen sind

Abbildung 4: Genese der Korallenriffe. (nach: WILHELMY 1992, S. 134).

spiegelschwankungen entstanden seien. Doch für die Bestätigung der Theorie Darwins dienten Tiefenbohrungen und geophysikalische Untersuchungen. Daraus ergab sich, dass Atolle durch eine langanhaltende stetige Absenkung und nicht durch Meeresspiegelschwankungen herausgebildet haben, einen Einfluss nahmen solche aber auch, jedoch nur in sehr geringem Umfang (WILHELMY 1992, S. 135). Bei typischen Atollen befindet sich das lebende Riff in Tiefen von 15 Meter bis zu 2 Meter. Ein bekanntes Beispiel für ein Atoll ist die Inselgruppe der Malediven.

Ein Barriereriff begleitet höhere Inseln oder Festlandränder. Durch Absenkungen des Untergrundes oder dem steigenden Meeresspiegel ist das Barriereriff vertikal gewachsen. Durch Vorformen und relative Meeresspiegelschwankungen konnten sich Riffkorallen ansetzen und weiter entwickeln. Das größte Riff dieser Art ist das Great Barrier Reef. Dieses erstreckt sich auf 2000 Kilometer entlang der nordöstlichen Küstenregion Australiens. Der Riffkomplex reicht bis zu einer Tiefe von 80 Meter (KELLETAT 1989, S. 250). Das Riff ist jedoch kein einheitliches Gebilde, es besteht aus insgesamt 2900 einzelnen Riffs, die Lebensraum für über 400 verschiedene Korallenarten und 1500 Fischarten bieten (HOPLEY 2007, S. 1).

Das Barriereriff ist durch eine Lagune vom Festland getrennt. Der Boden der Lagune ist mit Korallenschlamm und Kalksand bedeckt. Die Lagune besitzt kleine Verbindungen mit dem offenen Ozean. Die Außenseite des Riffs bietet für Korallen die optimalen Lebensbedingungen, weil hier ständig sauerstoffreiches und auch nährstoffreiches frisches Salzwasser durch die Wasserbewegung vorhanden ist. Riffe wachsen also entgegen der Brandung und wachsen ständig weiter. Im Lagunenbereich mit sauerstoffarmen Wasser hingegen sterben die Korallen langsam ab.

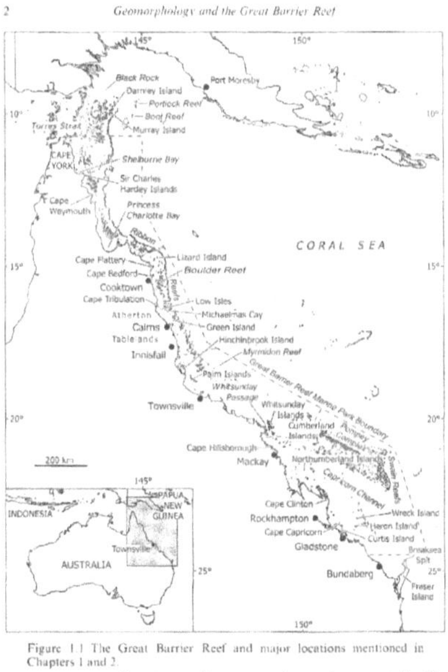

Abbildung 5: Great Barrier Reef. (nach: HOPLEY 2007, S. 2).

In der folgenden Abbildung ist der Querschnitt eines Barriereriffs aufgezeigt, wie es auch vor der Küste Australiens vorkommt. Hier sieht man links das Vorriff, welches aus Riffschutt und abgestorbenen Korallen besteht. Danach folgt der Riffkern, der das eigentliche Riff bildet. Dieser Kern besitzt eine Riffkrone die bei niedrigem Wasser-stand an der Oberfläche sichtbar wird. Nun folgt zwischen dem Festland und dem Riff die Lagune. Hier können sich kleine Plattformriffe (patch reefs) herausbilden, die jedoch nur eine geringe Größe besitzen und keinen stabilen Riffkomplex bilden.

Abbildung 6: Querschnitt eines Barriereriffs. (nach: www.geodz.com/deu/d/Barriereriff).

3.2.2 Anorganisch gestaltete Küsten

3.2.2.1 Nehrungsküsten

Nehrungen sind durch Akkumulation von Lockergestein erweiterte Strandhaken, die eine „mehr oder minder geschlossene Barriere vor einer Bucht" darstellen (WILHELMY 1992, S. III, 124). Strandhaken sind wiederum Akkumulationskörper, die durch eine scharfe Richtungsänderung der Küste Lockergestein und anderes Transportmaterial des Meeres zunächst an den Küstenrändern absetzt und sich dieses schließlich so anhäuft, dass der Sand sich aus dem Wasser erhebt und zu einem Teil des Festlandes wird. Die Biegung dieser Akkumulationsform ergibt sich aus der Beugung der Wellen. Dabei „wird [der] küstennähere Teil des Wellenkamems im flachen Wasser gebremst, während sich küstenfernerer noch mit ursprünglicher Geschwindigkeit bewegt." (WILHELMY 1992, S. III, 113) Schließlich treffen alle Wellen senkrecht auf das Festland auf. Das transportierte Material bewegt sich in ebendiese Richtung und lagert sich im Laufe der Zeit an dem Punkt an, an dem die Küste zurückspringt und bildet durch die Wellenrefraktion einen Haken (GIERLOFF-EMDEN 1980, S. 1139). Wie die unten stehende Abbildung demonstriert, kann dieser sich immer weiter verlängern, indem neues Lockergestein an den Haken angelagert wird, bis er Nehrungen von mehreren hundert Metern bildet.[2]

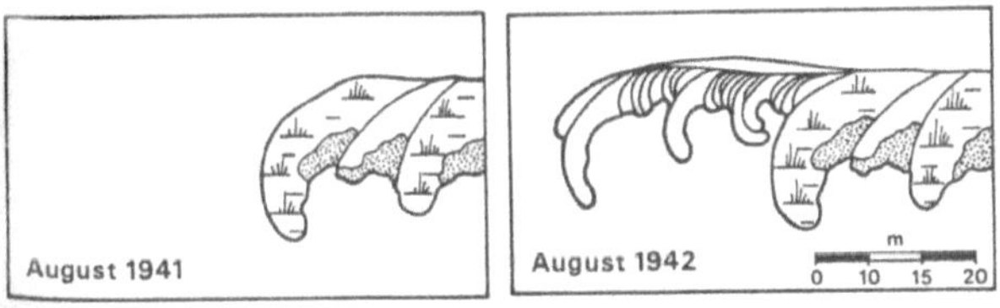

Abbildung 7: Gerichtetes Wachstum von Strandhaken. (nach: KELLETAT 1989, S. 133, zit. nach SCHOU 1945, S. 45).

Seltener ist der Fall, in dem Nehrungen aus Sandriffen entstanden sind, die sich im Laufe der Zeit auf die Küste zubewegt haben. Dies sind im regulären Sinne Unterwasserwälle, die aus Sedimenten bestehen, welche sich am Meeresboden ablagern, wenn die Welle bereits vor der Küste bricht. Diese Sedimente können zum Beispiel durch den Abbruch von benachbarten Kliffen entstehen. Solche Sandriffe sind gemäß der Wellenrichtung ebenfalls parallel zur Küste ausgerichtet. Im Normalfall überragen sie den Meeresboden lediglich um ein Drittel der Wassertiefe (WILHELMY 1992, S. III, 121), jedoch können sie durch weitere Akkumulationen erhöht werden oder durch die Senkung des Meeresspiegels an die Oberfläche gelangen, wodurch sie einen Bereich des Meeres ebenfalls abschnüren, welcher als Haff bezeichnet wird. Es dient oftmals als Abfluss von einmündenden Flüssen, wodurch es schließlich aussüßt (WILHELMY 1992, S. III, 125).

Die Akkumulation von Nehrungen und der Abrasion von Kliffen, die sich in der Nähe befinden führen zu einer Begradigung der Küstenlinie. Diese Küstenform wird als Ausgleichsküste bezeichnet und ist unter anderem an der Ostseeküste häufig vorzufinden (HASSENPFLUG 1985, S. 35).

An dieser Stelle soll jedoch näher auf die Nehrungshaken der nordfriesischen Insel Sylt eingegangen werden.

Sylt erstreckt sich mit etwa 40 Kilometern Länge in der Nordsee und ist somit die größte aller nordfriesischen Inseln. Ursprung (der sogenannte Geestkern) der Insel sind diluviale (eiszeitliche) Moränen und Sander, die sich auf einem Sockel aus dem Tertiär befinden. Dieser wiederum besteht vornehmlich aus Glimmerton aus dem Miozän und Kaolinsand. Ersteres (bzw. der daraus entstandene rotbraune Limonitsandstein) tritt an der Westküste an den sogenannten „Roten Kliff" zutage, während letzteres an dem „Weißen Kliff" der Ostküste zu finden ist.

---

[2] Das eindrucksvollste Beispiel hierfür sind die Nehrungsinseln am Kap Hateras, die über 100 Kilometer lang sind (vgl Kelletat III 109).

An diesen Geestkern lagerten sich schließlich eine nördliche Nehrung, die als Listland bezeichnet wird und die südliche Nehrung Hörnum-Odde ab. Diese ist 19 Kilometer lang und wurde aus den Abrasionsprodukten des Roten Kliffs gebildet, die mit der südsetzenden Strömung transportiert und schließlich an den Inselkern angelagert wurden, was als Küstenversatz zu bezeichnen ist (DEGN 1978, S. 195).

Abbildung 8: Südlicher Ausblick von der Hönrum-Odde. (nach: http://www.hoernum.de/360/index.php)

Dieses Material wurde zu Dünen ausgeblasen und schließlich durch Vegetation befestigt. Dabei ist für Sylt besonders der Strandhafer zu nennen. Die Dünen von Hörnum erreichen eine Höhe von etwa 30 Metern, wobei sie an der Grenze zum Geestkern auch 50 Meter betragen können (HASSENPFLUG 1978, S. 16).

Wie bereits angedeutet, stellt das Rote Kliff die Hauptquelle für das im Meer transportierte Lockergestein dar. Da Sylt als eine Art Wellenbrecher für das Festland fungiert und so eine starke Brandung an der Westküste vorzuweisen hat, kommt es am Roten Kliff zu enormen Abrasionsprozessen, die wiederum zu Akkumulationsprozessen an den Nehrungen führen. Somit wuchs im Laufe der Zeit die Südspitze von Sylt und wird voraussichtlich noch weiter in das Meer hineinreichen. Aus den beigefügten Karten lässt sich im Vergleich zwischen dem Jahr 1878 und 1929 eine Zunahme des Nehrungshakens um 500 Meter feststellen.

Wie jedoch in dem folgenden Diagramm deutlich wird, hat sich die Zunahme des Nehrungshakens innerhalb der letzten 80 Jahre durch die zerstörende Wirkung von Sturmfluten in das Gegenteil verkehrt. Diese trugen teilweise bis zu 15 Meter der Südspitze Sylts ab (KLETT-VERLAG A, S. 55).

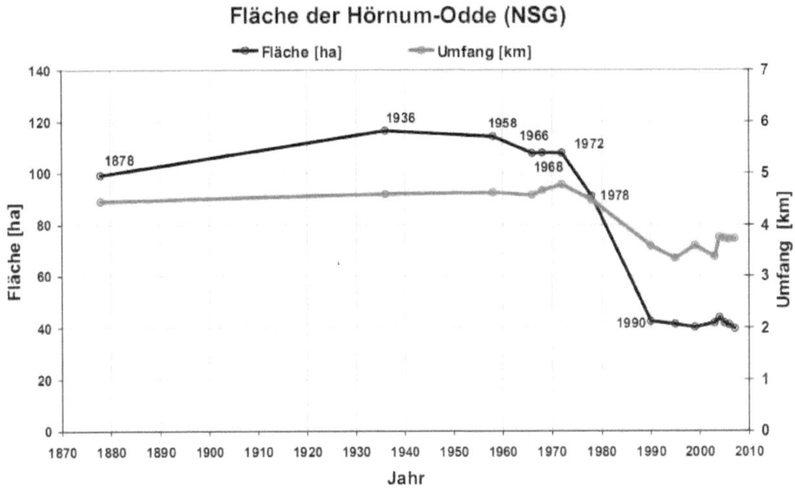

Abbildung 9: Fläche der Hörnum-Odde.

(nach: http://www.sylt.de/fileadmin/Mediendatenbank/download/Wissenswertes/2008_Aufspuelung_Flyer.pdf)

Diesen zerstörenden Kräften der Sturmfluten wird durch verschiedenste Küstenschutzmaßnahmen wie etwa Strandmauern versucht, Einhalt zu gebieten, um besonders die Kliffe zu schützen (und somit auch einen der wichtigsten Sehenswürdigkeiten der Insel zu erhalten). Haben solche menschlichen Einflüsse auf die Landgestaltung jedoch Erfolg, bedeutet dies ein schrumpfendes Wachstum der Nehrungen, da diese nicht mehr durch Sedimente, welche das Meer transportiert, angelagert werden können (HASSENPFLUG 1985, S. 16).

3.2.2.2 Wattküsten

Das Watt, ein breiter Saum an Flachküsten, im Bereich größerer Gezeitenschwankungen der mehrere Stunden am Tag mit Salzwasser bedeckt ist und viele Stunden trocken fällt. Das Watt bildet einen Komplex aus Platen, Schlickbänken, Wattströmen und Prielen. Weiter ist es ein Raum der sich nicht in Ruhe befindet, sondern ständig Veränderungen unterworfen ist. Diese Veränderungen kommen durch die oben schon erwähnten Gezeiten, durch Brandung und durch Strömungen. Die Watten bilden einen großen Teil der deutschen Küsten. Doch auch in anderen Regionen der Erde gibt es Watten (KELLETAT 1989, S. 140).

Der Wattenraum lässt sich in drei annähernd küstenparallele Zonen unterteilen. Ein Teil ist das Gebiet unter dem mittleren Tidenniedrigwasser, indem auch bei Niedrigwasser das Wasser steht. Wattströme die mit den Seegaten verbunden sind, befinden sich in dieser Zone. Seegatten sind tiefe, von Gezeitenströmen erodierte enge Durchlässe zwischen den Inseln im Wattenmeer. Der zweite Teil ist das Gebiet zwischen Tideniedrigwasser und -hochwasser, dieser Teil bildet das eigentliche Watt mit trockenfallenden Prielen und Gebieten der Platen. Priele sind Wasserrinnen die das Watt durchziehen. Sie münden seewärts in Baljen. (WILHELMY 1992, S. 126) Das dritte Gebiet ist das über dem mittleren Tidenhochwasser.

Dieses wird nur zeitweise, besonders bei hohen Wasserständen überflutet. Zu den drei Unterteilungen kommt eigentlich noch eine vierte. Dies ist dann der Bereich, der völlig überflutungsfrei ist, wie die eingedeichten Marschinseln, Geestkerne und Dünen. (HASSENPFLUG 1985, S. 18). In der folgenden Abbildung ist der oben beschriebene Aufbau dargestellt.

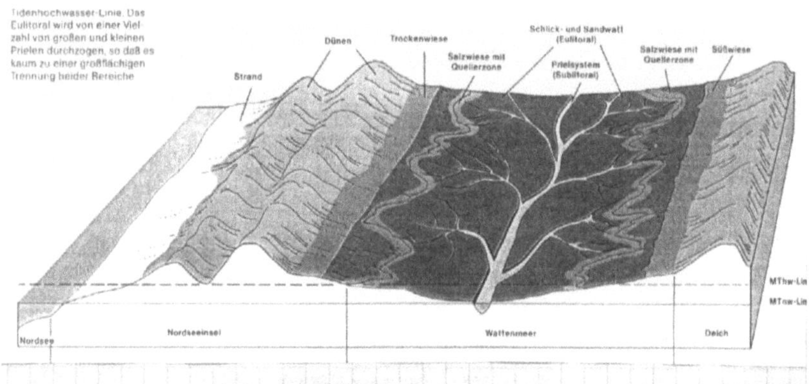

Abbildung 10: Aufbau der Nordseeküste.

(nach: http://sneaker.cfg-hockenheim.de/referate/inhalt/10d98/watt/wblckg.gif).

Die im Wattenraum abgelagerten Sedimente sind durch verschiedene Erdzeitalter geprägt. Absätze aus der Saalevereisung treten im Wattenraum an die Oberfläche, die wichtigste Ablagerung ist Geschiebemergel. Dies ist eine Ablagerung bestehend aus Sand,

Ton und Kies. Aus dem Interglazial des Eem finden sich im Wattenraum Absätze von muschelführenden Sanden. Die letzte Eiszeit hinterließ kaum Spuren. Die sogenannten Flugdecksande, eine mehrere Meter mächtige Sandschicht, erinnert an die Eiszeit. Während der Eiszeiten waren riesige Wassermengen als Eis festgelegt, sodass der Meeresspiegel erheblich niedriger lag als heute und somit auch die Nordsee vorwiegend trocken lag. Nach Schätzungen lag der Meeresspiegel während der Saalevereisung 120 Meter und während der Weichseleiszeit 100 Meter niedriger als heute. Im Interglazial des Eem lag der Meeresspiegel ungefähr in der gleichen Höhe wie heute. Damals besaß die Nordsee noch keine Wattküste. (VEENSTRA 1976, S. 19-22)

Im Nordseebereich (Niedersächsische Nordseeküste) ist das Watt durch die vorhandenen Kombinationen der Merkmale einmalig. Zum einen den allmählich ansteigenden Meeresboden, der sich bis zum Hinterland fortsetzt. Weiter besteht der Wattsockel aus Locker- und Feinmaterial. Die Gezeiten sorgen für Strömungen und damit gleichzeitig für den Materialtransport. Bei der Verbindung von Sturmfluten und Gezeiten wird der Materialtransport noch verstärkt. Das letzte Merkmal ist, dass sich durch die Außenküste das Wasser soweit beruhigt, dass das mitgeführte Material abgelagert werden kann. (HASSENPFLUG 1985, S. 20) In der unteren Abbildung sind die Ostfriesischen Inseln sowie das Wattenmeer dargestellt. Dieser Auschnitt befindet sich an der niedersächsischen Nordseeküste. Dieser sind drei Wattgebiete vorgelagert, das ostrfriesische Watt, zwischen Ems und Jade, dann zwischen Jade und Weser das Hohe- Weg- Watt und östlich der Weser erstreckt sich das Wurster Watt. Alle drei Wattbereiche besitzen die gleichen Merkmale, aber alle drei entwickelten sich unterschiedlich.

Das Ostfriesische Watt ist stark beeinflusst durch die Veränderungen der ostfriesischen Inselkette. Auf diese Entwicklung komme ich in einem weiteren Abschnitt noch zu sprechen. Das Hohe- Wege- Watt ist durch Vorgänge in Weser und Elbe beeinflusst worden. Auf der folgenden Karte sind die Wattbereich sowie die Ostfriesischen Inseln dargestellt. Also das Gebiet um das es in den weiteren Ausführungen gehen soll (LUCK 1976, S. 63).

Abbildung 11: Ostfriesische Inseln mit Wattenmeer.

(nach:

http://upload.wikimedia.org/wikipedia/commons/thumb/a/aa/Ostfriesische_Inseln_%28Karte%29.png/800px-Ostfriesische_Inseln_%28Karte%29.png)

Die Herkunft der Wattsedimente ist für die Hauptbestandteile Sand, Schluff und Ton ein wenig unterschiedlich. Der Sand kommt aus dem Küstenvorfeld der Nordsee, Schluff ebenfalls und Ton stammt aus den großen Flüssen, die in der Nordsee münden (VEENSTRA 1976, S.27). Aus diesen Ablagerungen ergeben sich an der Nordsee im Bereich der niedersächsischen Wattküste zwei Typen von Watten: Sandwatten und Schlickwatten. Sandwatten befinden sich im Bereich stärkerer Brandung und Strömungsenergie, hier wird grobes Material abgesetzt. 90% aller Wattsedimente müssen als Sand bezeichnet werden, weil die Korngröße 0,05mm überschreitet. Schlickwatten bestehen aus Schluff, Tonen und organischer Substanz, der Anteil hier beträgt ca. 9%. (KELLETAT 1989, S. 140)

Watten werden durch die Gezeitenwirkung beeinflusst. Unter dem Begriff Gezeiten versteht man das periodische Steigen und Fallen des Wasserspiegels. Gezeiten entstehen durch das Zusammenwirken der Massenanziehung von Erde und Mond. Dabei entstehen die Tiden mit Ebbe und Flut. Bei Ebbe fällt der Wassertand, bei Flut steigt er. Diesen daraus entstehenden Wasserstand beim Wechsel nennt man Hoch- und Niedrigwasser. Der Unterschied zwischen diesen beiden Wasserständen ist der Tidenhub. In die Nordsee gelangen die Gezeiten auf zwei Wegen. Im Norden zwischen Schottland und Norwegen und im Süden durch die Straße von Dover. Dadurch schwingt der Wasserspiegel der Nordsee mit den Gezeiten des Ozeans. Die Wattküste gehört zum Bereich der

Gezeitenwelle, die von Norden her in die Nordsee eindringt. Die Geschwindigkeit der Flut- und Ebbeströme nimmt landwärts ab. Bei Flut herrscht ein stärkerer Flutstrom somit ist die Dauer der Flut im Wattbereich geringer als die in der Ebbe. Das heißt, dass man im Watt mit schnell auflaufendem Wasser rechnen muss (VEENSTRA 1976, S. 31).

Wie auf der Karte der vorhergehenden Seite zu sehen ist, gibt es im Bereich der Watten auch die sogenannten Wattinseln. Dabei bilden die Ostfriesischen Inseln eine treppenartige Küstenlinie im Gegensatz zu den niederländischen Wattinseln. Hierbei spielen der Flutstrom und der Ebbestrom eine Rolle. Diese beiden Einflüsse tragen dazu bei, dass die Inseln im Westen mehr angegriffen und abgetragen werden und im Osten durch die Flutströme Anlagerung stattfinden kann. Durch diese Einflüsse verändern die Inseln langsam ihre Lage. Dadurch, dass an der westlichen Seite der Inseln große Teile durch die oben genannten Flutströme abgebrochen werden, verringert sich die Fläche einer Insel. Dagegen werden Vorkehrungen getroffen, die diese Schäden möglichst in Grenzen halten. Dies ist ein ständiger Kampf des Menschen. Ein Beispiel hierfür ist die deutsche Insel Trischen, auf welcher ein Bauernhof lag. Im Jahre 1943 wurden Dünen und Deich vom Meer weggespült und die Insel musste aufgegeben werden. Heute ist nur noch eine spärliche Sandplatte übrig, die weiter östlich als die ursprüngliche Insel lag. Um andere Inseln davor zu bewahren, wurde beispielsweise eine Strandmauer auf Norderney errichtet. Doch nicht alle Wattinseln verändern ihre Lage. Das liegt daran, dass diese Inseln, wie Borkum, auf festen Geschiebemergel liegen. Wangerooge hingegen liegt nicht auf einem solchen Geschiebemergel und wandert daher sehr schnell. Die niedersächsischen Wattinseln verlagern sich ostwärts sowie südwärts. Es lässt sich sagen, dass das Wattgebiet sowie auch die dazugehörigen Wattinseln ständigen Veränderungen unterlegen sind und somit eine dynamische Küstenlandschaft bilden (VEENSTRA 1976, S. 44).

3.3.1 Entstehung

Als Kliff werden jene Steilwände benannt, die durch Brandungseinwirkung und daraus resultierenden Abrasionsprozessen an der Küste entstehen. Die Bildung solcher Kliffe kommt an Küsten mit großen Tidenhub und an Küsten ohne Gezeitenwirkung vor (GIERLOFF-EMDEN 1980, S. 1215). Das Wasser und das mit ihm transportierte Gesteinsmaterial, was als „Wurfgeschoss" und „Waffe" gegen das Kliff treffen, unterspülen die Steilwände und führen schließlich zu einen Abbruch. Im Laufe der Zeit kommt es zu einer ländwärtigen Rückverlagerung des Kliffs, wie in der folgenden Abbildung deutlich wird.

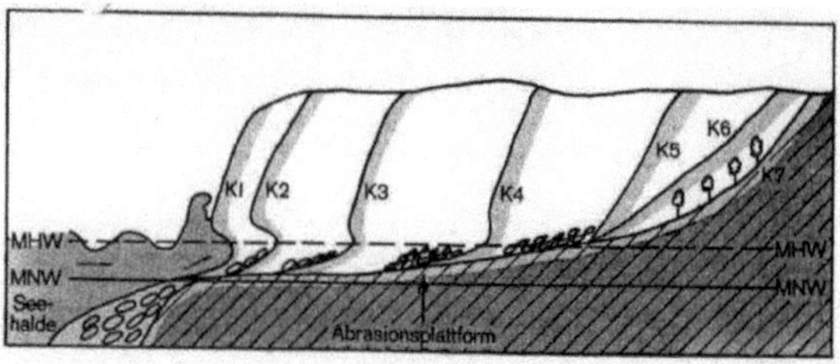

Abbildung 12: Kliffküste mit Brandungshohlkehle, Abrasionsplattform und Seehalde. (nach: WILHELMY 1992, S. III, 117).

Dargestellt ist hier zum einen die Hohlkehle am Klifffuß, die aus dem beständigen Auftreffen von Wellen entstanden ist. Das von dem Kliff abgetragene Material wird als Schutt am Grund des Meeresbodens gelagert. Diese Seehalde ist wiederum ein Lager für Wurfgeschosse, die das zurückgewichene Kliff weiter bearbeiten. Ist der Überhang von K1 zu groß, kommt es zum Einsturz. Die Abrasionsplattform bzw. die Schorre und verlängert sich immer weiter, bis das Kliff so weit zurückgewichen ist und einen stumpfen Winkel gebildet hat, dass nicht mehr genügend Angriffsfläche für die Brandungswirkung vorhanden ist. Die Geschwindigkeit dieses Prozesses ist, wie bereits in Kapitel 2.2 angedeutet wurde, stark von der Beschaffenheit des Gesteines der Küste abhängig. So fördert widerständiges Gestein die Bildung von steilen Kliffs, weiches Gestein lässt sich jedoch zu schnell abtragen, um deutliche Steilwände hervorzubringen (WILHELMY 1992, S. III, 109).

Dies hat Folgen für das Erscheinungsbild von Kliffs. Ist die Gesteinszusammensetzung also sehr homogen und finden sich keine Schwächelinien in Form von tektonischen Störungen oder anderen Unregelmäßigkeiten in der Gesteinsstruktur, ergibt sich für das Kliff eine einheitliche zusammengeschlossene Steilwand. Bei heterogener Gesteinszusammensetzung ergibt sich hingegen ein differenzierteres Bild mit Kliffbuchten, Brandungspfeilern und weiteren Kleinformen.

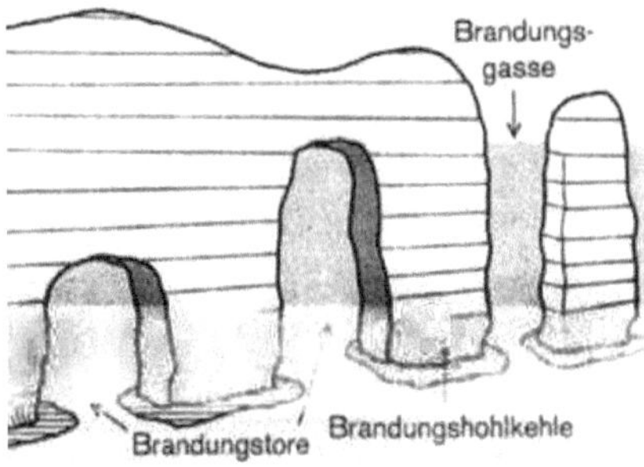

Abbildung 13 (links): Kliffbuchten und Brandungspfeiler an der englischen Kanalküste. (nach: KELLETAT 1989, S. 113).
Abbildung 14 (rechts): Entstehung von Brandungshöhlen und Brandungstoren. (nach: WILHELMY 1992, S. III, 118).

Auf der linken Abbildung kann man Kliffbuchten erkennen, die durch eine stärkere Abrasion entstanden sind. Die in das Meer ragenden Vorsprünge können schließlich durch die Brandungswirkung durchstoßen werden. Es entstehen Brandungstore, wie sie in der rechten Abbildung zu erkennen sind. Solche Erscheinungen sind jedoch nicht sehr lange stabil, da die überhängenden Dächer durch eine Verbreiterung der Brandungstore zusammenstürzen. Die so gebildete Brandungsgasse trennt den so entstandenen Brandungspfeiler vom Rest des Kliffs ab (WILHELMY, S. III, 118).

3.3.2 Die „Cliffs of Moher" als europäisches Beispiel der Steilküste

Die Cliffs of Moher erstrecken sich im Westen Irlands in der Näher der Ortschaften Doolin und Liscanor über eine Länge von 8 km von Hangs Head bis zu der Landzunge von Doolin (pdf). MIttleweile gehören sie zu den beliebtesten Touristenattraktionen Irlands. Dies liegt sicherlich an ihren vertikal ins Meer verlaufenden Steilwänden und Überhängen (whittow geology and scenery in ireland 198). Diese Steilwände liegen 120 bis 200 Metern über dem Meeresspiegel (irland helmut jäger 14) und verlaufen relativ homogen. Lediglich kleinere Kliffbuchten haben sich herausgeprägt; nur sehr vereinzelt findet man Brandungspfeiler, wie auf dem folgenden Photo deutlich wird.

Abbildung 15: Aussicht auf die Cliffs of Moher.

(nach: http://upload.wikimedia.org/wikipedia/commons/b/ba/Ireland_cliffs_of_moher1.jpg)

Das Gestein ist vorrangig als Sandstein und Schieferton zu identifizieren und stammt aus dem Oberkarbon. Schieferton entsteht aus Tonen, die unter Druck zusammengepresst werden. In ihm enthalten sind Glimmer und Tonminerale (WHITTOW 1978, S. 187).

Diese Gesteine erlauben eine relativ schnelle Abrasion der Küste, sodass sich Steilhänge von dieser Größenordnung ergeben konnten.

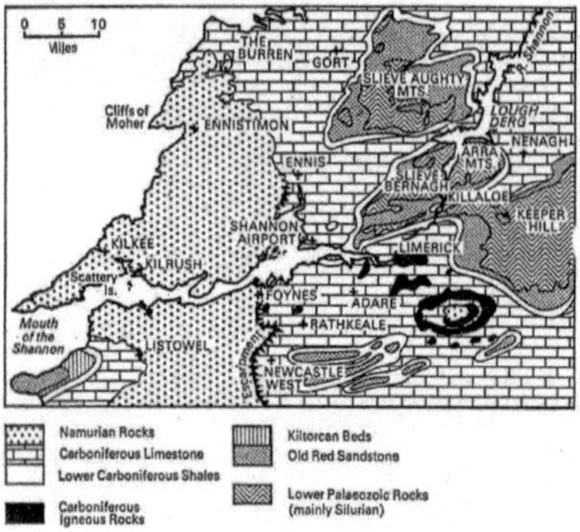

Abbildung 16: Geologische Kartierung der Cliffs of Moher und deren Umgebung. (nach: WHITTOW 1978, S. 178).

3.3.3 Exkurs: Aktueller Forschungsstand

Zwar sind die Erscheinungsformen von Kliffen auf der ganzen Welt relativ gut dokumentiert und es ist in der fachwissenschaftlichen Literatur eine akzeptierte Meinung, dass die Kliffe ein Resultat zerstörender Wirkungen der Wellen sind, dennoch bleiben bis heute Fragen zu ihrer Entstehung offen. Antje Scheffers und Dieter Kelletat resümieren, dass so zwar etwa zwei Drittel der Meeresküsten aus Fels bestehen, die Forschung sich jedoch besonders auf Lockergesteinsküsten wie Watten und Strände konzentriert (SCHEFFERS & KELLETAT 2009, S. 113).

Die Forschungsrichtung der Kliff-Erosion gewinnt seit einigen Jahren mit der Veröffentlichung von Aufatzbänden wie etwa „European Shore Plattform Dynamics“ (ROBINSON 2006) und weiteren Veröffentlichungen zunehmend an Bedeutung. Diskutiert werden dabei besonders weitere

Einflussgrößen, die zu einem Kliffrückgang führen. Explizit werden in diesem Zusammenhang Verwitterung, Bio-Erosion, Tsunamis und Hurricanes genannt.

Methodische Probleme ergeben sich dabei in vielerlei Hinsicht. So ist es zum Beispiel schwierig, den Grad des Kliffrückganges zu bestimmen, sofern dieser nicht durch Kartierungen oder Luftbilder in der Vergangenheit dokumentiert wurden. Da jedoch das Interesse der Wissenschaftler auch auf Geschehnisse im Neoloithikum (ca. 4500-2100 v. Chr.) gerichtet ist, müssen zusätzlich archäologischer Erkenntnisse hinzugezogen werden (SCHEFFERS & KELLETAT 2009, S.117).

Zur Dokumentation aktueller kleinräumlicher Veränderungen, hervorgerufen zum Beispiel durch Bio-Erosion, sind genaueste Vermessungen durch moderne Laser Scanner nötig (zs geomorph s.1).

Exemplarisch soll nun näher auf die Forschungen von Anja Scheffers und Dieter Kelletat eingegangen werden, die den Kliffrückgang an der Westküste Irlands und den nördlichen Inseln Schottlands seit dem Neolithikum untersuch(t)en, um Rückschlüsse auf den Transport von Riesenblöcken, die in jener Region in großer Anzahl an den Küsten zu finden sind, ziehen zu können.[3]

Als Grundlage für diese Untersuchung dienten unter anderem inaktive Kliffe. Unter diesen versteht man Kliffformen auf dem Festland, die in der Vergangenheit durch Meerestätigkeit geformt wurden. Mit einem Rückgang des Meeresspiegels oder dem Ausbleiben extremer Wellenereignisse werden sie jedoch zu einem passiven Kliff, dass nicht mehr durch das Meerwasser beeinflusst wird (ZEPP 2008, S. 272). Weiterhin wurden die Überreste wie etwa Küchenabfallhaufen von ehemaligen Siedlungen untersucht. Diese dienen als Beweis für die Errichtung küstennaher Wohnhäuser. Sind jene Abfallhaufen auch heute noch in der Nähe der Küsten zu finden, deutet dies auf eine nur sehr geringe Abrasion von wenigen Dekametern des Kliffs hin (SCHEFFERS & KELLETAT 2009, S. 121). Neben aktuellen Vermessungen und Luftbildern lag ihnen zum Vergleich noch eine Karte aus dem Jahr 1839 vor (SCHEFFERS & KELLETAT 2009, S. 123).

Mit jenen Untersuchungsgegenständen gelang es ihnen, den Kliffrückgang auf „nicht mehr als 200 Meter seit dem mittleren Holozän in weniger resistenten Gesteinen und sehr starker Exposition" festzulegen. „In resistenten Gesteinen und ebenfalls offener Lage zum Meer und tiefem Wasser mit hohen Sturmwellen ist die Abrasion dagegen an den meisten Küstenabschnitten für diese Zeit zu vernachlässigen." (Beide Zitate: SCHEFFERS & KELLETAT, S. 123).

[3] Ein weiterer Forschungsschwerpunkt ihrer Arbeit liegt in der Untersuchung von Riesenblöcken, die sich ebenfalls an jenen Küsten befinden, deren Transportweg jedoch noch stark diskutiert wird.

Mit diesen Ergebnissen widerlegten sie Behauptungen von zum Beispiel Michael Williams, der von einer durchschnittlichen Erosionsraten von 0,4 Metern pro Jahr ausgeht und damit zu einem Gesamtrückgang von 1000 Metern seit der Weichsel-Eisenzeit gelangt.

Teil B: Fachdidaktische Betrachtungen

Der Erdkundeunterricht bildet eine Nahtstelle zwischen Natur- und Gesellschaftswissenschaften. Daher sollte der Unterricht fächerübergreifend angelegt werden. Es sollen viele Themenbereiche behandelt werden. Die Themenwahl ist dabei abhängig von der Jahrgangsstufe. In dem folgenden Ausschnitt des Schleswig-Holsteinischem Lehrplan wird schon in der 5. Klasse das Thema der Küsten aufgegriffen. Hier in Klasse 5 soll es um Sturmfluten und Küstenschutz an der Nordsee gehen.

Themenübersicht für die Klassenstufe 5 - Hauptschule, Realschule, Gymnasium

Themen	Inhalte
1. Die Erde erkunden	– Wie wir uns orientieren – Astronauten sehen die Erde und das Weltall
2. Wie wir und andere leben	– Leben in anderen Landschaftsgürteln, z. B. Pygmäen im tropischen Regenwald, bei den Eskimo (Inuit) auf Grönland – Leben in bedrohten Gebieten: Vulkanismus, Erdbeben – Leben in bedrohten Gebieten bei uns: Sturmfluten und Küstenschutz an der deutschen Nordseeküste

Abbildung 17: Ausschnitt Lehrplan Schleswig- Holstein Klassenstufe 5. (nach: KULTUSMINISTERIUM SCHLESWIG-HOLSTEIN, S. 23).

Im Lehrplan von Nordrhein-Westfalen soll genauso die Nordsee behandelt werden, mit dem Unterschied das es nicht um den Küstenschutz geht. Der folgende Ausschnitt zeigt dies noch einmal. Hier wird schon mehr auf die Küstenformen und Einflüsse eingegangen. Wichtig hier ist auch wieder der Küstenschutz.

Wo man Ferien macht		
An der Küste (Gezeiten, Watt, Marsch, Sturmfluten, Küstenschutz, Seehafen, Ferieninseln, Fischerei)	Reiseprospekt auswerten	Deutsche Nord- und Ostseeküste
Im Hochgebirge (Bergbauern, Höhenstufen, Sommer- und Wintertourismus	Text auswerten	Alpen und Voralpen

Abbildung 18: Ausschnitt Lehrplan Klasse 5 NRW. (nach: Schulinterner Lehrplan NRW).

Der Küstenraum und seine Entstehung, wird im Schleswig-Holsteinischen Lehrplan erst wieder in der Klassenstufe 9 indirekt angesprochen. Das soll heißen, hier werden tektonische Prozesse und Oberflächenformungen angesprochen. Hier könnte oder sollte der Lehrer auch verschiedene Küstenformen mit ansprechen, die zur Oberflächengestaltung beitragen.

Themenübersicht für die Klassenstufe 9 - Gymnasium

4. Planet Erde	– Die Erde im Weltraum – Plattentektonik, Vulkanismus, Oberflächenformung – Die Erdzeitalter

Abbildung 19: Ausschnitt Lehrplan Klasse 9 Schleswig-Holstein. (nach: Kultusministerium Schleswig-Holstein, S. 28).

In NRW werden die Naturräume und die Gestaltung der Erde durch Plattentektonik schon in Klasse 7 angesprochen. Hier wird aber mehr auf die Gefährdung von Lebensräumen eingegangen. Doch auch nicht direkt auf Küstenlandschaften. Natürlich bietet hier der große Themenbereich Spielraum um auf Entstehung und Gefährdung von Küstenregionen einzugehen.

Naturbedingte und anthropogen bedingte Gefährdung von Lebensräumen		
Unruhige Erde (Erdbeben, Schicht-/Schildvulkane, Magma, Lava, Tsunami, seismische Wellen, Schalenbau der Erde, Plattentektonik, Lithosphäre, Epizentrum)	Im Internet recherchieren, Filmanalyse, Kartenauswertung	Mt. St. Helens, Ätna, Kobe, Schwächezonen der Erde
Wirbelstürme (Hurrikane, Taifune, „Auge", Tornados, „Rüssel", „Amboss", Zugbahn, Luftdruck, Windgeschwindigkeit	Satellitenbild auswerten	Golf von Mexiko, Karibik, USA
Bedrohung von Lebensräumen durch unsachgemäße Eingriffe des Menschen in den Naturhaushalt (Desertifikation, Überschwemmungen, Erosion	Strukturskizze erstellen, Pro- und Contra Diskussion führen	Aral-See, China, Brasilien

Abbildung 20: Ausschnitt Lehrplan NRW Klassenstufe 7. (nach: KARDINAL-FRINGS-GYMNASIUM, S. 3).

In der Oberstufe (Klasse 11) wird auf die Gefährdung und den Schutz der natürlichen Lebensgrundlagen eingegangen. Im Ausschnitt des Schleswig-Holsteinischen Lehrplans geht es auch um Wasserverschmutzung. Hier könnte man beispielsweise einen Bezug zu den Korallenriffen schaffen. Da diese nur gut wachsen, wenn sauberes Wasser vorhanden ist, spielt in den Regionen, wie im Great Barrier Reef die Wasserverschmutzung eine wichtige Rolle.

Gefährdung und Schutz der natürlichen Lebensgrundlagen: Problemfelder und Konzepte	- Gefährdung und Schutz der Erdatmosphäre (Anthropogener Treibhauseffekt, Ozonloch, Saurer Regen, Smog) - Gefährdung und Schutz des Wassers (Wassermangel, Wasserverschmutzung) - Gefährdung und Schutz des Bodens (Flächenverbrauch, Bodenversiegelung und -verdichtung, Nähr- und Schadstoffeintrag, Bodenerosion, Versalzung in Trockengebieten)

Abbildung 21: Ausschnitt Lehrplan Klassenstufe 11 Schleswig-Holstein.
(nach: Kultusministerium Schleswig-Holstein, S. 36).

Zusammenfassend lässt sich sagen, dass in jedem Lehrplan das Thema Küsten behandelt wird. Hier wird zwar nie speziell auf die Entstehung von eingegangen aber es passt in das Themenfeld der Oberflächengestaltung. Es wird in jeden Lehrplan auf den Küstenschutz eingegangen. In beiden Lehrplänen geschieht das schon in Klassenstufe 5 und es geht dabei ausschließlich um die deutschen Küstenbereiche an Ost- und Nordsee.

2. Lehrbuchanalyse

2.1 Lehrbuchanalyse Terra Geographie für Schleswig Holstein - 5./6. Klasse für Gymansien

2.1.1 Inhalt

In dem aktuellen Terra-Schulbuch für das Bundesland Schleswig-Holstein werden die Küstengebiete um Nord- und Ostsee besonders ausführlich behandelt. Die Thematik wird in dem Kapitel „Wie wir in Deutschland leben" behandelt. Auffällig hierbei ist, dass die Küsten einen umfangreichen Platz einnehmen und es lediglich 2 weitere Lebensräume in Deutschland gibt, auf die in diesem Kapitel näher eingegangen wird: Berlin als Hauptstadt des Landes und die Alpen.
Explizit behandelt werden die folgenden Themen:

1. Küstenentstehung von Steil-, Flach- und Ausgleichsküsten
2. Ebbe und Flut

3. Leben an der Nordseeküste
   3.1 Nationalpark Wattenküste
   3.2 Leben im Watt
   3.3 Meereswellen - mal schön, mal gefährlich
   3.3 Küstenschutz an der Nordsee

1. Küstenentstehung von Steil-, Flach- und Ausgleichsküsten

In kurzen Texten werden die Grundlagen der Entstehung der jeweiligen Küstenformen erklärt und die damit zusammenhängenden Wörter wie etwa Brandungshohlkehle eingeführt. Weiterhin sind zu jeder Küstenform Fotos oder Skizzen gereicht, die den Aufbau verdeutlichen. Diese Illustrationen werden für verschiedene Aufgabenstellungen genutzt, in denen die Schüler Flach- und Steilküste miteinander vergleichen sollen. Ebenfalls werden mit ihnen erste geographische Arbeitsmethoden eingeführt, wie etwa das Zeichnen eines Reliefs.

2. Ebbe und Flut

Eingeführt wird die Thematik mit einem Brief, in dem sich ein Mädchen bei ihrer Freundin beklagt, dass es ihr nicht möglich ist, zu schwimmen, da „das Meer nicht mehr da" ist. Diese „Kuriosität" wird daraufhin mit dem Phänomen der Gezeiten erklärt. Um diese für Kinder der 5. Klasse recht abstrakte Erscheinung besser zu erläutern, wird neben der Skizze von Mond und Erde und deren gegenseitige Anziehungskraft ein Karussell dargestellt, aus dem ein Junge aufgrund der starken Fliehkräfte fällt. An dieser Stelle wird die Arbeit mit Diagrammen, die die Stärke des Tidenhubs angeben und Tabellen gearbeitet

3. Leben an der Nordseeküste

Die Thematik „Leben an der Nordseeküste" soll durch eine Stationenarbeit vermittelt werden. Nach einer ausführlichen Erklärung zur Vorgehensweise sollen diese 4 Stationen durchlaufen werden.

An der ersten Station wird das Wattenmeer als Lebensraum für Tiere und Pflanzen näher behandelt. In diesem Zusammenhang wird erläutert, dass das Wattenmeer ein Nationalpark ist und was dies konkret für Auswirkungen auf die Region und auf die Besucher des Wattenmeeres hat.

Station 2 beschäftigt sich noch einmal genauer mit den Tieren, die das Wattenmeer bewohnen.

Station 3 beschäftigt sich mit den Auswirkungen von Sturmfluten auf Mensch und Natur. Dabei wird besonders auf die negativen Folgen und zerstörenden Kräfte der Meereswellen hingewiesen.

So wird die unterschiedliche Größe der Südspitze Sylts Hönum-Odde anhand zweier Karten aus dem Jahr 1930 und 2003 miteinander verglichen. Hierbei müssen die Schüler ein Grundverständnis für kartographische Darstellungen entwickeln und die Bedeutung von Maßstäben erkennen und anwenden können. Weiterhin wird ein Versuch unternommen, der in einer Miniaturdarstellung des Meeres und des Strandes die Folgen von Wellen, die die Schüler mit einem Brettchen selbst erzeugen sollen, darstellen soll.
Die letzte Station geht aufbauend auf die vorhergehenden Beobachtungen näher auf den Küstenschutz ein. Hier wird der Aufbau von Deichen vermittelt. Auch hierbei kommen die (geographischen) Arbeitsmethoden Skizzierungen, Tabellen und Versuche im kleinen Maßstab zur Anwendung.

2.1.2 Kritische Betrachtung

Die Thematik der Küstenräume wird den Schülern alltagsnah näher gebracht. So vermitteln Beispiele aus den eigenen Lebenserfahrungen (zum Beispiel die Fliehkräfte, die beim Karussel fahren wirken) recht abstrakte Lerninhalte wie etwa die Ursache für Ebbe und Flut. Zahlreiche Versuche unterstützen zusätzlich diese alltagsnahe Vermittlung.
Weiterhin werden andere Methoden wie etwa das Zeichnen eines Querschnittes mit der Thematik verbunden und in ihrem Zusammenhang erklärt. So wird auch eine genaue Erläuterung zu der Unterrichtsmethode der Stationenarbeit gegeben. Während dieser werden 4 unterschiedliche Aspekte des Lebens im Küstenraum gegeben. Zwar nimmt die eigentliche Küstenentstehung hier keine wichtige Rolle ein, doch dafür wird sich intensiv mit aktuellen Problemen wie etwa dem Küstenschutz beschäftigt.
Auf die verschiedenen Arten der Küsten wird lediglich zu Beginn eingegangen, indem zwischen einer Steil- und einer Flachküste unterschieden wird. Außerdem wird die Entstehung einer Ausgleichsküste beschreiben, ohne jedoch die Begriff des Nehrungshakens zu erläutern. Dies wäre insofern fruchtbar gewesen, als dass der Nehrungshaken Hörnum später in dem Kapitel von den Schülern untersucht wird.
Positiv hervorzuheben ist, dass die Thematik einen doch recht umfangreichen Teil des Kapitels „Wie wir in Deutschland leben" einnimmt. Die Schüler haben voraussichtlich eine enge Bindung zu der Nordsee, da Schleswig-Holstein im Verhältnis zum Festland eine große Fläche an Küsten aufweist und diese auch zum Kulturgut des Bundeslandes gehören. Die Förderung der Raumkompetenz ist somit wünschenswert.

2.2.1 Inhalt

Die Küstengebiete Deutschlands werden in diesem Lehrwerk unter dem Kapitel „Wo man Ferien macht" behandelt. Dementsprechend geschieht die Einführung in die Thematik mit der Geschichte einer Klassenfahrt einer 5. Klasse. Ziel der Reise ist die Insel Sylt als Vertreter der Inseln der Nordsee. Die Schüler haben hier die Aufgabe Sylt durch zahlreiche geographische Arbeitsmaterialien zu analysieren. So sollen anhand von Karten die Größe der Insel und die Freizeitmöglichkeiten von Hörnum herausgefunden werden. Weiterhin wird an ihnen die Reiseroute nachvollzogen. Ein Diagramm, dass die Zahl der Übernachtungen angibt, soll zusätzlich interpretiert werden.

Nach dieser Einführung folgen diese Themen der Küstengebiete:

1. Ebbe und Flut
2. Küste in Gefahr
3. Das Watt lebt
4. Nationalpark Wattenmeer
5. Küstenformen an der Ostsee

1. Ebbe und Flut

Hier sind keine wesentlichen Unterschiede zu dem Kapitel in dem Terra Lehrbuch für Schleswig-Holstein feststellbar. Sowohl die Texte, als auch die Abbildungen sind fast identisch. Jedoch weichen die Aufgabenstellungen voneinander ab. In diesem Lehrwerk sollen anhand der Diagramme die Begriffe Flut und Hochwasser bzw. Ebbe und Niedrigwasser voneinander unterschieden werden. Weiterhin muss ein Gezeitenkalender auf einen normalen Datumskalender übertragen werden.

2. Küste in Gefahr

Auch diese Thematiken überschneiden sich stark. Jegliche Abbildungen und Texte aus dem Lehrbuch Schleswig-Holsteins lassen sich hier wiederfinden. Allerdings sind zusätzlich noch 2 Karten beigefügt, die die nordfriesische Küste im Jahr 900 und heute darstellen. Hier soll der

Küstenverlauf beschrieben werden. Auch die weiteren Aufgaben lassen sich als komplexer und umfangreicher im Vergleich zu dem anderen Lehrbuch beschreiben.

3. Das Watt lebt

Durch dieses Kapitel führt Willy der Wattwurm. Er stellt verschiedene Tiere, deren Lebensraum das Wattenmeer ist, vor. Die einzige Aufgabe für diese Doppelseite ist es, Steckbriefe für die 7 verschiedenen Arten anzufertigen.

4. Nationalpark Wattenmeer

Auch hier stimmen die Kapitel beider Bücher überein. Allerdings haben die Schüler aus Nordrhein-Westfalen keine Aufgaben zu den Texten und Graphiken zu bearbeiten.

5. Küstenformen an der Ostsee

Dieses Kapitel ähnelt dem Thema „Naturkräfte verändern die Küste". Auch hier werden Steil-, Flach und Ausgleichsküste vorgestellt. Neben diesen Küstenformen werden allerdings auch Karten einer Förden-, Buchten- und Boddenküste dargestellt. All diese werden als typische Vertreter der Ostseeküste präsentiert.

Auch hier gestalten sich die Aufgaben als recht komplex. Die eben beschriebenen Karten sollen zum Beispiel mithilfe eines Atlanten bestimmten Gebieten der Ostseeküste zugeordnet werden.

6. Ferien an der Ostsee

In diesem Kapitel geht es vorangig um den Tourismus dieses Feriengebietes. Die Küste an sich spielt hierbei nur eine sehr untergeordnete Rolle, weshalb an dieser Stelle auf eine ausführliche Darstellung der Thematik verzichtet wird.

2.2.2 Kritische Betrachtung

Der Fokus bei der Bearbeitung des Kapitels liegt neben dem inhaltlichen Fachwissen besonders auf der Nutzung von geographischen Arbeitsmaterialien. Diese sollen nicht nur oberflächlich betrachtet, sondern auf verschiedenste Arten und Weisen interpretiert werden. So dienen topographische Karten sowohl zur Größenbestimmung von Landflächen, als auch als Informationsquelle, die infrastrukturelle und touristische Angaben bereit stellt.

Die Kapitel sollen nach der Vorgabe des Lehrbuches alle in einer regulären Unterrichtsreihe bearbeitet werden und nicht als Stationen von den Schülern durchlaufen werden. Für eine solche Unterrichtsform wären die Aufgabenstellungen sicherlich zu umfangreich. Auch in einem Frontalunterricht scheinen die Aufgaben sehr komplex und gegebenenfalls schwierig für die Schüler zu lösen sein. Eine sehr gute Unterstützung durch die Seite des Lehrers ist hier unabdingbar.

2.3 Fazit

Vergleicht man diese beiden Lehrbücher miteinander so wird deutlich, dass bei der intensiven Bearbeitung die Schüler aus Nordrhein-Westfalen sicherlich mehr Fach- und Methodenwissen erlangen würden. Bedacht werden muss, dass bei einer Stationenarbeit stets die Gefahr besteht, dass Themen von den Schülern nicht ausführlich genug behandelt wurden. Die Ergebnissicherung kann bei der Stationenarbeit meist in geringerem Umfang geschehen, als es bei anderen Unterrichtsformen der Fall ist.

Warum die dargereichten Materialien sich so ähnlich sind, die Aufgabenstellungen jedoch zum Teil stark voneinander abweichen, kann an dieser Stelle nicht beantwortet werden.

Denkbar wäre gegebenenfalls, dass von den Schülern Schleswig-Holsteins bereits ein größeres Hintergrundwissen vorausgesetzt wird und die Bearbeitung des Küstenraumes der Nordsee hier in geringerem Umfang verläuft. Bedacht werden muss dabei jedoch auch, dass Ansätze zum Erlernen von Methodenkompetenz verloren gehen.

Anhang 1: Kartierungen von der Hörnum-Odde aus dem Jahr 1878 (links) und 1929 (rechts)

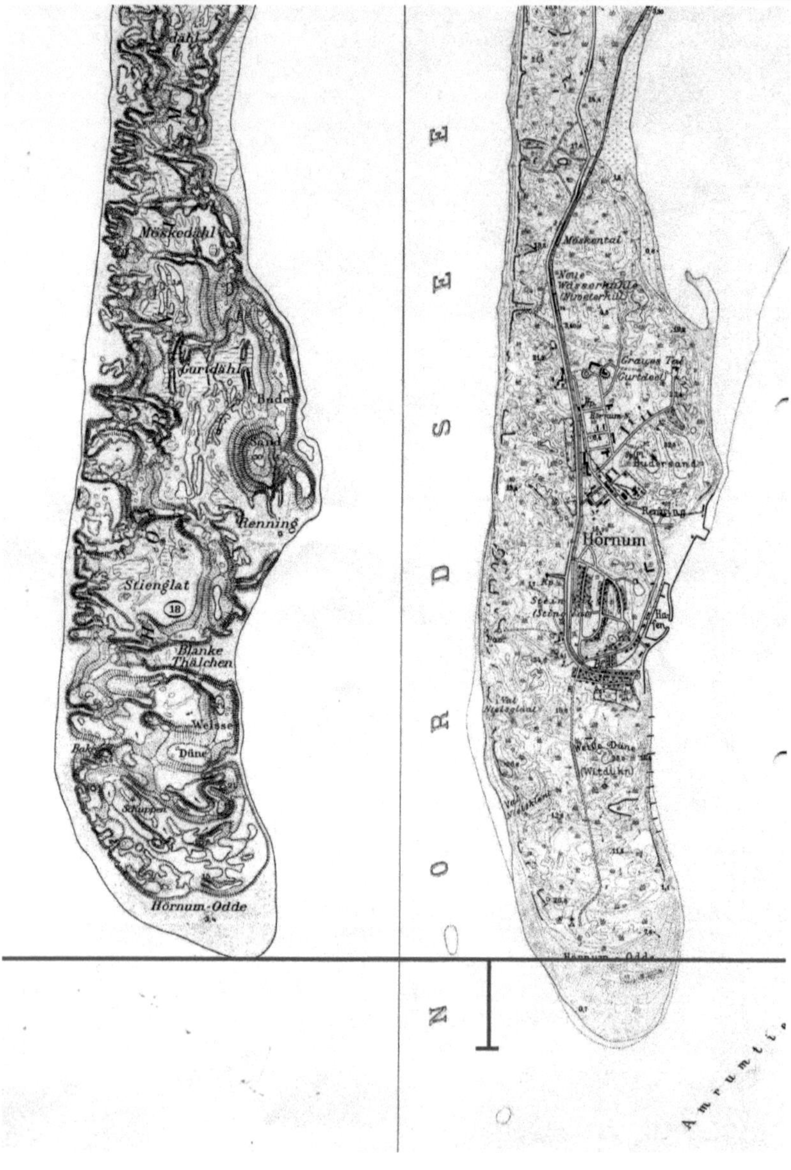

Anhang 2: Terra Geographie für Schleswig-Holstein - 5./6. Klasse für Gymnasien, S. 46-57.

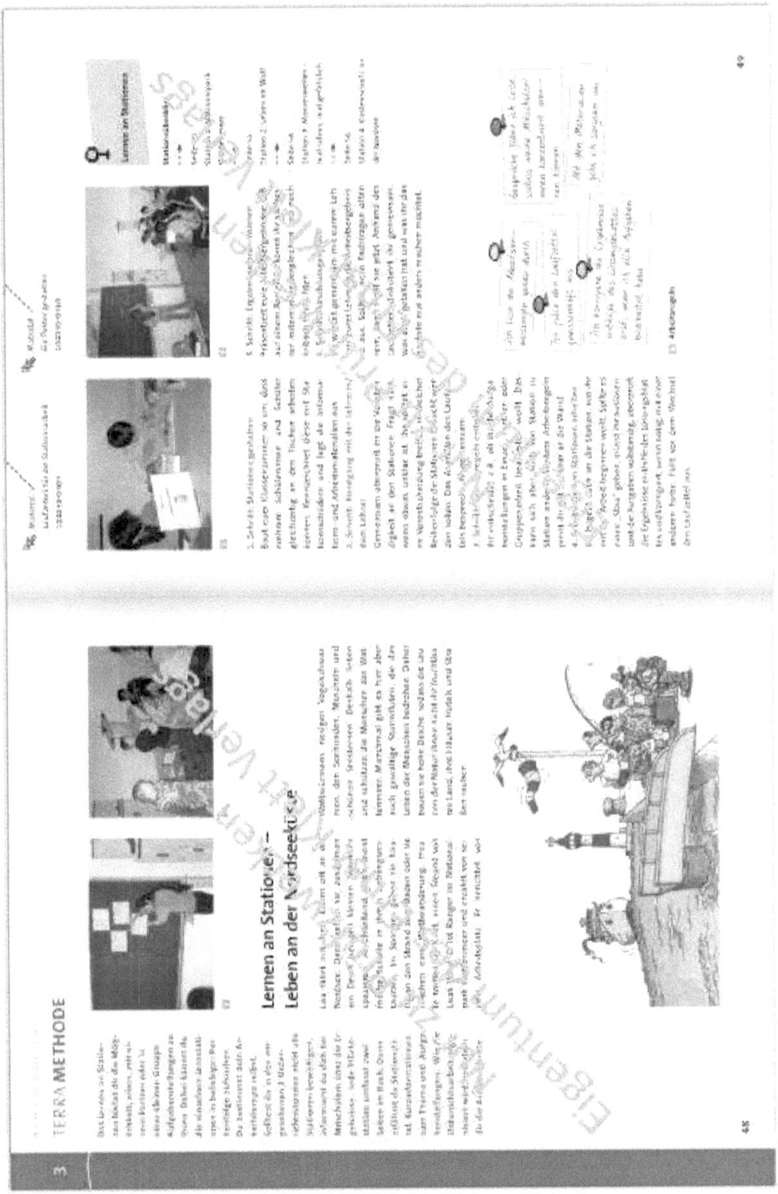
TERRA METHODE

Lernen an Stationen –
Leben an der Nordseeküste

1

Liebe Sabrina,
stell dir vor: nach langer Auto- und einer Fährfahrt durch die Nordsee erreichst du endlich die Insel Föhr. Die Sonne scheint, du packst dein Schwimmzeug, rennst zum Deich und [illegible] dich in die Fluten stürzen [illegible]? Das Meer ist weg! Einfach so, kein Wasser da, nur dunkle, matschige Pampe. [illegible] steht da noch so ein [illegible] Köpfchen herum und sagt, das sei ganz normal hier, zweimal am Tag. Na, das kann ja ein heiterer Urlaub werden!
Deine Laura

2

3 Entstehung der Gezeiten

Ebbe und Flut

Die Gezeiten
Zweimal täglich steigt und fällt der Wasserspiegel an den Küsten der Erde. Diesen Wechsel nennt man **Gezeiten** oder Tiden (friesisch: Zeit). Den Zeitraum, in dem das Wasser ansteigt und auf die Küste zuläuft, nennt man Flut. Diese dauert ungefähr 6 Stunden und 12 Minuten. Den am Ende der Flut erreichten höchsten Wasserstand nennt man Hochwasser (HW). Anschließend fließt während der Ebbe das Wasser wieder von der Küste weg, bis das Niedrigwasser (NW) erreicht ist. Die Ebbe dauert genauso lange wie die Flut. Der Höhenunterschied zwischen HW und NW (Tidenhub) ist nicht überall gleich. Er kann nur wenige Dezimeter, wie an den Küsten der Ostsee, aber auch viele Meter, wie in der Bucht von Bristol in England (12 m), betragen. Die mittlere Höhe zwischen HW und NW bezeichnet man als Normalnull (NN).

Warum ändert sich der Wasserspiegel?
Die Anziehungskraft des Mondes hebt und senkt den Wasserspiegel regelmäßig. Der Mond zieht das Wasser der Erde an, sodass sich auf dieser Erdseite ein Flutberg bildet. Auf der entgegengesetzten Seite der Erde entsteht ebenfalls ein großer Flutberg, denn durch die Erdrotation wirken – wie bei einem Karussell – starke Fliehkräfte.
An den Stellen, von denen das Wasser weggezogen wird, herrscht Ebbe.

Lernen im Netz
Ebbe und Flut
104030-0304

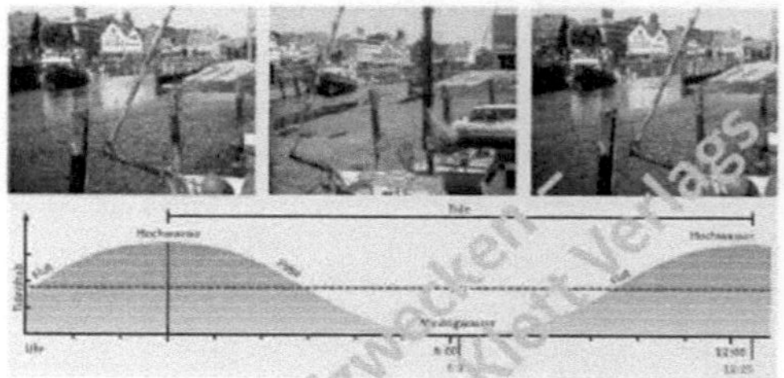

4 Die Gezeiten

„Wat is Watt?"
Den Teil des Meeresbodens, der bei Hochwasser überschwemmt ist und bei Niedrigwasser trocken liegt, nennt man Watt. Dieser Bereich ist von Sand und Schlick, einem Gemisch aus Schlamm und feinsten Pflanzen- und Tierresten, bedeckt. Das vom Meer überspülte Watt wird als **Wattenmeer** bezeichnet. Liegt das Watt trocken, sieht man, dass es von Wasser führenden Rinnen, den Prielen, durchzogen wird. Bei Niedrigwasser kann man durch einige hindurch waten. Aber Vorsicht! Priele können sich zu „Flüssen" mit starker Strömung entwickeln.

Gezeitenkalender Wyk (Föhr) 01/2011

	HW*	NW**	HW	NW
	Uhr	Uhr	Uhr	Uhr
03.	00:36	07:00	13:06	19:31
04.	01:11	08:04	13:59	20:10
05.	02:17	08:51	14:42	21:03
06.	02:53	09:32	15:22	21:45
07.	03:36	10:12	15:59	22:17
08.	04:14	10:49	16:33	22:49
09.	04:47	11:20	17:03	23:18

* = Hochwasser, ** = Niedrigwasser

5

Tidenhub-Rekorde
Weltrekord:
Kanada (Fundy-Bay): 16 m
Europarekord:
Frankreich (St. Malo): 15 m
Nordseeküste: 2 m
Ostseeküste: 30 cm

1 Erkläre folgende Begriffe: Gezeiten, Tidenhub, Ebbe, Flut, Watt, Hochwasser, Niedrigwasser.
2 Beschreibe anhand der Grafik 4 und der Fotos Vorgänge bei Ebbe und Flut.
3 Beantworte den Brief 2: Erläutere Laura darin die Bedeutung von Gezeitenkalendern.
4 Begründe den extrem abweichenden Tidenhub in Ostsee und Nordsee.

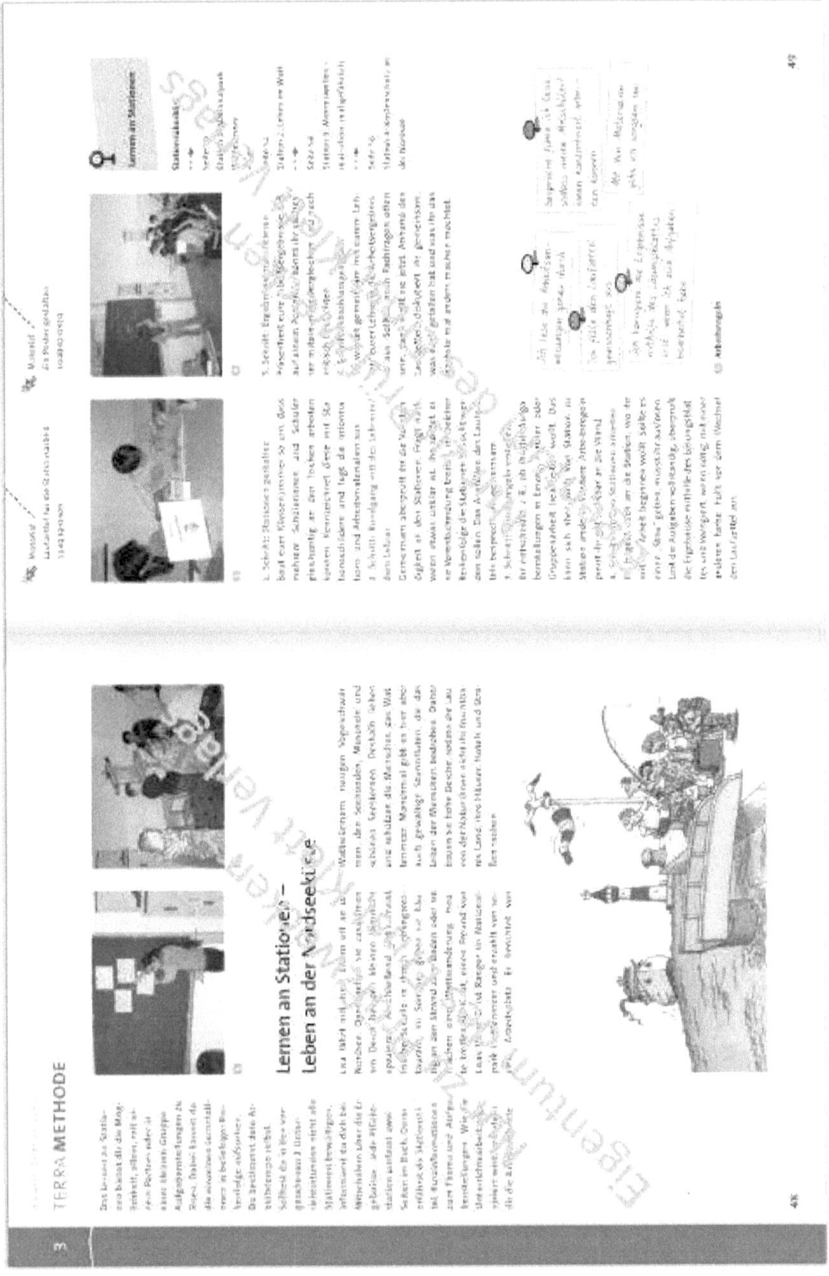
3
TERRA METHODE
Lernen an Stationen –
Leben an der Nordseeküste
Lernen an Stationen
48
49

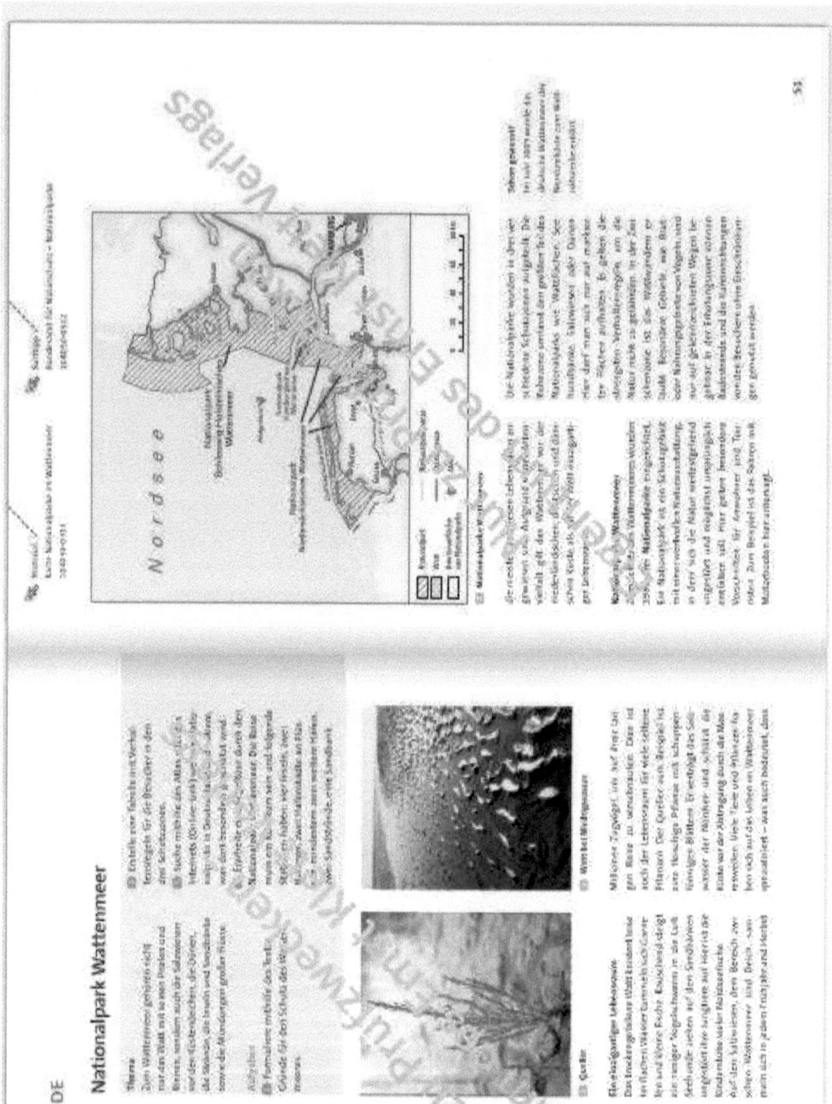

3 TERRA METHODE

Lernen an Stationen Station 1

Nationalpark Wattenmeer

Thema

Zum Wattenmeer gehören nicht nur das Watt mit seinen Prielen und Rinnen, sondern auch die Salzwiesen vor den Küstendeichen, die Dünen, die Strände, die Inseln und Sandbänke sowie die Mündungen großer Flüsse.

Nordsee

Queller

Watt bei Niedrigwasser

Ein einzigartiger Lebensraum

Nationalparke Wattenmeer

Nationalpark Wattenmeer

Schon gewusst?

50

51

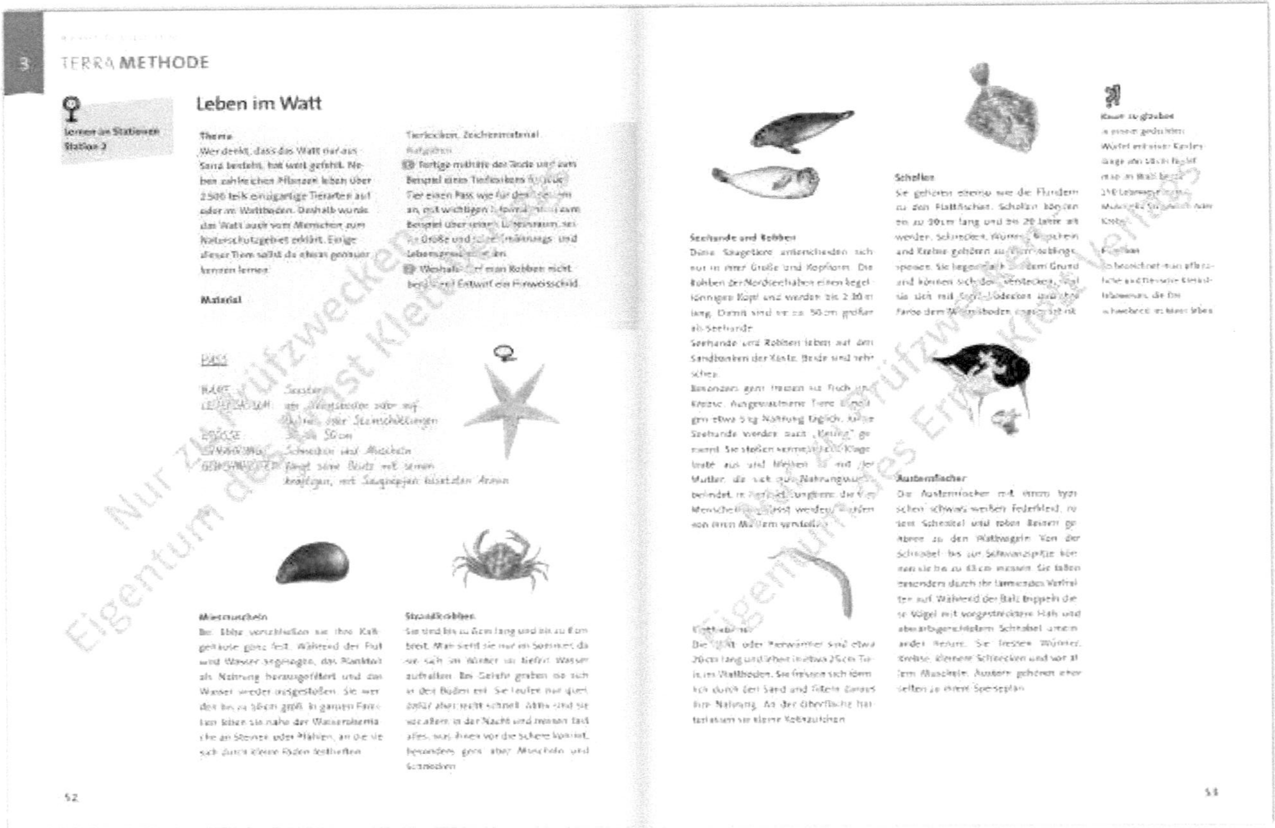
3

TERRA METHODE

Leben im Watt

Thema

Material

Seehunde und Robben

Schollen

Austernfischer

52

53

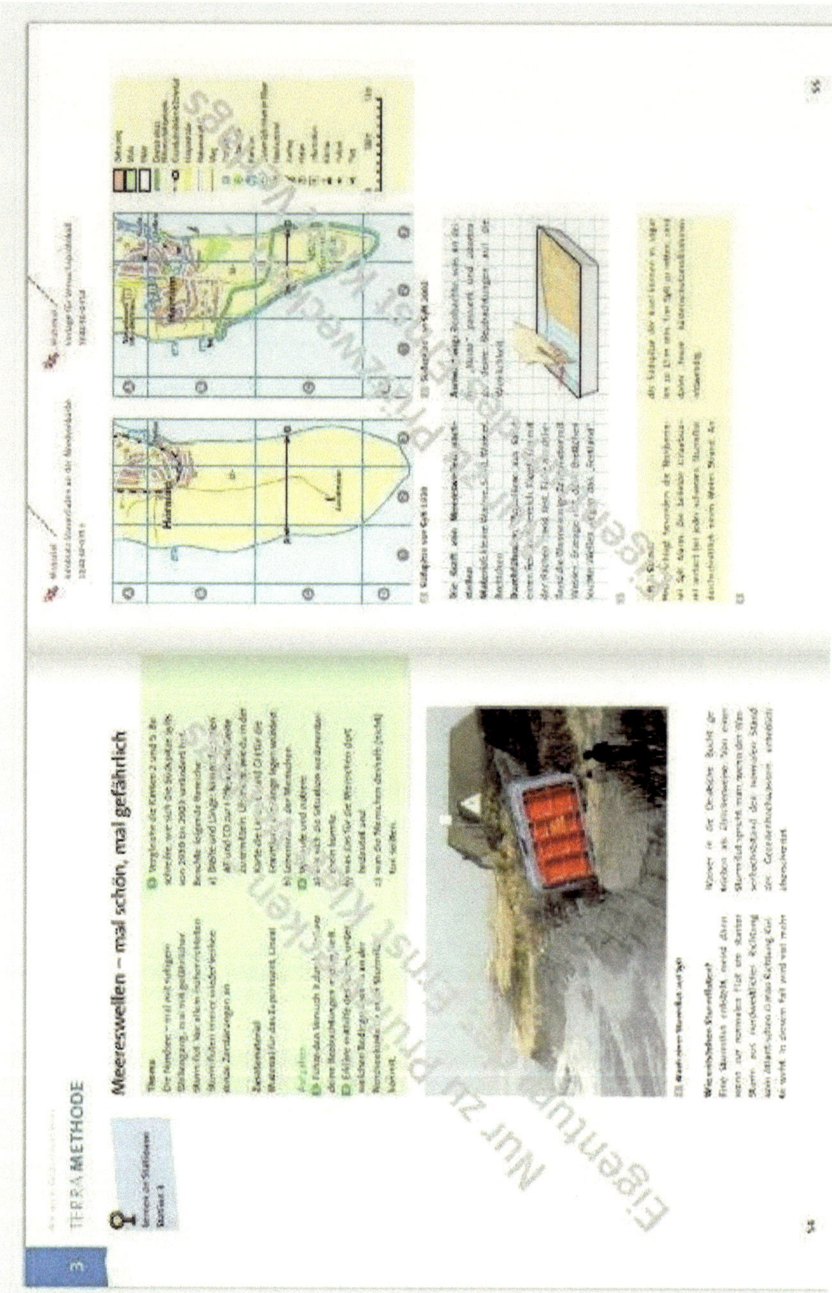
3
TERRA METHODE
Meereswellen – mal schön, mal gefährlich
Thema
Die Nordsee – mal mit ruhigem Wellengang, mal mit gefährlicher Sturmflut. Vor allem früher richteten Sturmfluten immer wieder verheerende Zerstörungen an.
Zusatzmaterial
Material für das Experiment, Lineal
Aufgaben
Hörnum
Südspitze von Sylt 1930
Südspitze von Sylt 2002
Wie entstehen Sturmfluten?
54
55

Lernen an Stationen
Station 4

Küstenschutz an der Nordsee

Thema
SOS an der Nordseeküste – Sturmflut! Diese Meldung war und ist keine Seltenheit. Obwohl Sturmfluten auch heute noch große Schäden anrichten können, ist die Gefahr nicht mehr so groß wie früher.

Material
Material für den Versuch

Aufgaben
1. Stelle mithilfe des Textes und der Grafik 4 Merkmale früherer und moderner Deiche gegenüber.
2. Zeichne in Anlehnung an [illegible] für 4 eine Skizze mit [illegible] eines modernen Deiches. Beachte: 1976 erreichte die Sturmflut eine Höhe von [illegible].
3. Führe den Versuch 2 durch. Beschreibe die Wirkungsweise eines Deiches.

SOS
Internationales Seenotzeichen, gedeutet als „Save our ship“ (Rettet unser Schiff) oder „Save our souls“ (Rettet unsere Seelen).

Kleiner Sturmflutkalender
16.1.1362 „Erste Große Mandränke“: [illegible]
11.10.1634 „Zweite Große Mandränke“: [illegible] Menschen und [illegible] Tiere ertrunken, [illegible]
24.12.1717 Weihnachtsflut, 11000 Tote, [illegible]
3./4.2.1825 „1. Februarflut“: Größte Sturmflut im 19. Jahrhundert; 800 Tote
16./17.2.1962 Hamburg-Sturmflut, 315 Tote, 60 Deichbrüche, 20000 Menschen evakuiert
3.1.1976 „Jahrhundertflut“, bislang höchste Sturmflut, keine Toten, zahlreiche Deichbrüche
26.–28.2.1990 zwei Sturm-, zwei Orkanfluten, Schäden nur am Deich in Dagebüll
28.1.1994 und danach jährlich hohe Sturmfluten ohne Tote und Schäden

1

Versuch: Einen Deich bauen
Material: Gefrierdose mit Sand/Kies als Welle, flache Holzplatte als Deich, Holzbrett als Anlauffläche
Durchführung: Ein Schüler lässt die „Dosenwelle“ die Anlauffläche herunterrollen, während ein anderer die Holzplatte flach geneigt in den Weg hält.

Beim nächsten Versuch wird der Deich viel steiler gegen die Dose gehalten.
Auswertung: Vergleiche die Beobachtungen der Versuche mit unterschiedlicher Steilheit. Was passiert jeweils mit dem Deich? Überlege, wie der Bau eines idealen Deiches aussehen müsste.

2

Material: Infoblatt Küstenschutz und Landgewinnung [illegible]

Material: Vorlage für Versuchsprotokoll [illegible]

3 Deich bei Dagebüll nach der Sturmflut am 28. Februar 1990

Deiche schützen die Küsten
Seitdem Menschen an der Nordseeküste siedeln, müssen sie sich vor Sturmfluten schützen. Dort, wo Dünen als natürlicher Schutz fehlten, wurden Deiche als Schutzwälle errichtet. Bereits vor 1000 Jahren begann man mit dem Bau von Deichen. Sie waren noch niedrig und hatten steile Böschungen, die durch Holzpfosten im [illegible] gesichert wurden. Häufig konnten solche Dämme der Gewalt der Sturmfluten nicht standhalten und brachen. Es war daher notwendig, die Deiche zu verbessern, weil der Meeresspiegel in den letzten Jahrhunderten gestiegen ist. Sturmfluten wurden dadurch gefährlicher. [illegible] viel mehr Menschen [illegible] hinter den Deichen [illegible] früher, gibt es große Schäden.

[illegible] den letzten [illegible] ist [illegible] gelungen, Deiche als wirksamen Schutz gegen Sturmfluten auszubauen. Die heutigen Deiche sind viel höher und breiter als früher. Sie sind bis zu acht Meter hoch und an ihrer Sohle bis zu [illegible] Meter breit. Der Deichkern besteht aus Sand, der mit einer dicken Schicht aus Klei, einem „Meeresboden“, [illegible] Wasser undurchlässigen Tonboden abgedeckt ist. Darauf wächst eine dicke Grasdecke, die an keiner Stelle aufreißen darf. Schafe halten das Gras kurz. Die Außenböschung ist viel flacher als früher und durch eine Steinböschung verstärkt. Somit wird der starken Brandung gefährliche Kraft genommen.

Kaum zu glauben
In den letzten [illegible] Jahren ist der Meeresspiegel um etwa 40 [illegible] gestiegen.

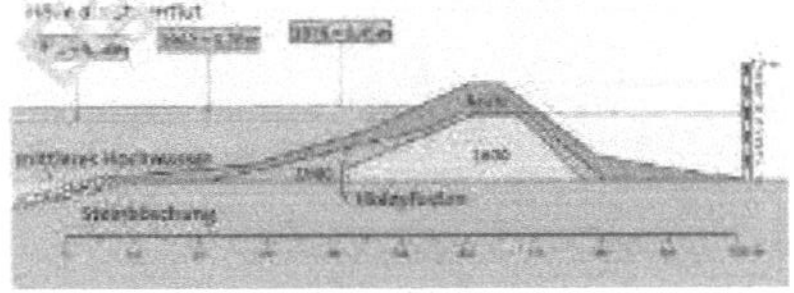

4 Hochwasserstände und die Entwicklung der Deiche

❶ *Puan Klent*

→ *Saison, Seite 114*

Lust auf Meer

Für die Schüler der 5c des Gymnasiums am Ostring eine erlebnisreiche Unterbrechung der Schulzeit gegen Ende des Schuljahres: Eine einwöchige Klassenfahrt nach Sylt, der größten nordfriesischen Insel. Ziel ist das Hamburger Jugenderholungsheim Puan Klent. Seinen Namen hat es von einem Piraten, der in dieser Gegend seinen Unterschlupf gehabt haben soll.

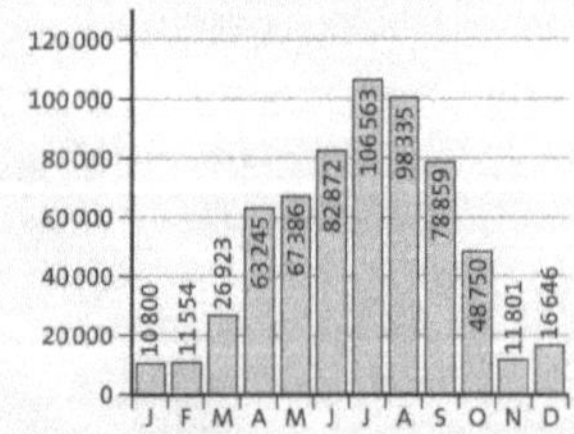

❷ ***Übernachtungsgäste auf Sylt im Jahr 2000***

Leicht war es nicht im Erholungsheim Puan Klent unterzukommen, denn im Juni beginnt auf den Nordseeinseln die eigentliche **Saison**, die Hauptsaison.
Die 5c ist mit einem Reisezug von Bochum nach Westerland auf Sylt gefahren. Der Zug fährt über den Hindenburgdamm, der seit 1927 die Insel mit dem Festland verbindet. Reisende, die mit dem Auto nach Sylt wollen, müssen mit ihren Fahrzeugen ebenfalls den Zug nehmen. In Niebüll auf dem Festland fahren sie auf offene zweigeschossige Eisenbahnwaggons. Die Züge pendeln laufend zwischen Niebüll und Westerland. So entstehen auch keine langen Wartezeiten.
Mit den Schülern aus Bochum kommen noch viele andere Erholungssuchende auf Sylt an. Sechs Badeorte und vier Luftkurorte konnten sich hier zu Zentren des **Fremdenverkehrs** entwickeln. Mehr als 500000 Menschen machen jährlich Ferien auf Sylt. Sie schätzen den

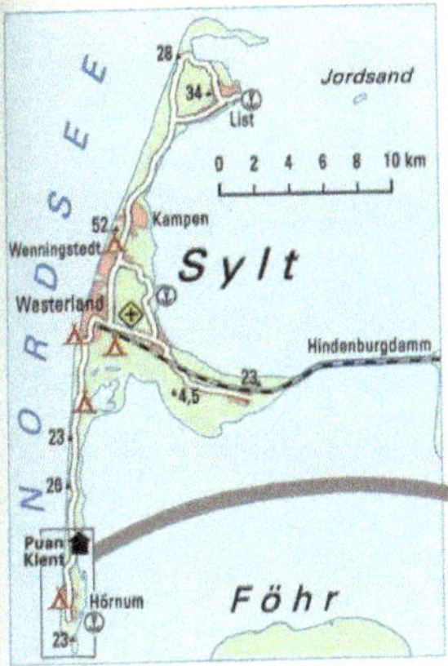

Touristeninsel Sylt

Strand und die gesunde Meerluft. Aber Sylt hat noch mehr zu bieten. Auch bei Regenwetter kommt keine Langeweile auf: Jeder Ferienorten bieten viele Einkaufsmöglichkeiten, Restaurants und Sporteinrichtungen. In mehreren Orten befinden sich auch vielbesuchte Naturschutzstationen.

1 *Liste auf, durch welche großen Städte die Schüler der 5c wohl auf ihrer Zugfahrt nach Sylt gekommen sind?*

2 *Sylt hat eine auffällige Gestalt. Miss die weiteste Nord-Süd- und Ost-West-Ausdehnung der Insel.*

3 *Beschreibe mithilfe von Diagramm 2 den Verlauf der Saison auf Sylt.*

4 *Arbeite mit der Karte 3: Was kann man in Hörnum auch außerhalb der Hauptsaison unternehmen?*

5 *Suche im Atlas die anderen nordfriesischen Inseln:*
a) Wie heißen sie?
b) Wie sind sie zu erreichen?

Ebbe und Flut

Kaum zu glauben
An der Ostküste Kanadas (Funday-Bay) kann der Tidenhub bis zu 21 m betragen, an der Westküste Frankreichs bei St. Malo erreicht er 15 m, in Wilhelmshaven lediglich 2,5 m.

→ *Lebewesen im Wattenmeer, Seite 100*

Die Schüler der 5c des Gymnasiums am Ostring beziehen nach der Ankunft in Puan Klent ihre Zimmer. Aber dann zieht's alle sofort nach draußen, denn auf Strand und hohe Wellen haben sie sich schon lange gefreut. Doch dann: von Wasser und Wellen keine Spur. „Herr Salmen hatte uns doch erzählt, dass das Heimgelände direkt ans Meer grenze. Ich sehe nur eine endlos weite schlammige Fläche", seufzt Jan traurig. Andere haben im Unterricht besser aufgepasst. „Wir haben eben gerade Ebbe."

Die Gezeiten

Der Wasserstand der Nordsee unterliegt einem regelmäßigen Wechsel. Ungefähr sechs Stunden und zehn Minuten lang steigt der Wasserspiegel an. Diesen Zeitraum nennt man **Flut**. Dann erreicht das Nordseewasser fast das Fußballfeld von Puan Klent. Danach fällt der Wasserspiegel. Dieser Zeitraum heißt **Ebbe**.

Ebbe und Flut zusammen nennt man **Gezeiten** oder Tide. In einem Tidekalender kann man ablesen, wann Ebbe und wann Flut herrschen. Das ist wichtig, denn an einigen Stränden Sylts darf man bei Ebbe nicht schwimmen, weil man von der Strömung ins Meer gezogen werden könnte.

Wat is Watt?

Den Teil des Meeresbodens, der bei Flut überschwemmt ist und bei Ebbe trocken liegt, nennt man **Watt**. Der Boden des Watts ist von Sand und Schlick bedeckt. Schlick ist ein Gemisch aus Schlamm und feinsten Pflanzen- und Tierresten. Liegt das Watt trocken, erkennt man Wasser führende Rinnen, die Priele. Durch diese Priele fließt das Wasser bei Ebbe ins offene Meer.
Am Rande des Wattenmeers liegen die Salzwiesen. Sie sind das Brutgebiet zahlreicher Seevögel.

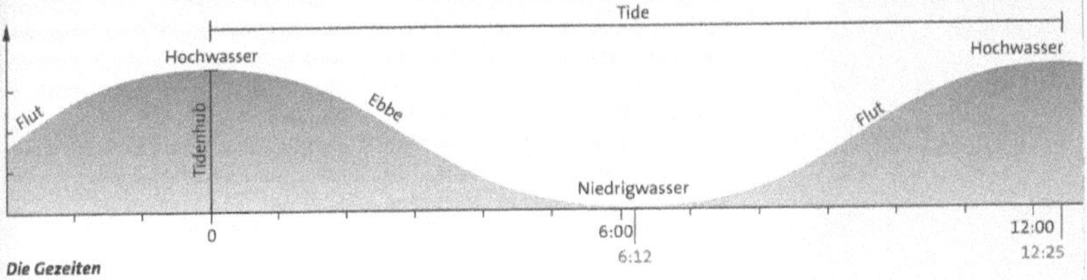

2 *Die Gezeiten*

Gezeitenkalender beachten

12 Stunden und 25 Minuten dauern Ebbe und Flut zusammen. Das bedeutet, dass sich die Gezeiten täglich um etwa 50 Minuten verschieben. Doch das Wasser läuft aber nicht überall an der Nordseeküste gleichzeitig auf und ab. Daher hat jeder Ort einen eigenen Gezeitenkalender, dem die Menschen entnehmen können, wann Hochwasser oder Niedrigwasser ist. Für die Urlauber ist dieses Wissen auch wichtig.

1 *Beschreibe die Fotos 2.*

2 *Viele Menschen verwechseln Flut mit Hochwasser und Ebbe mit Niedrigwasser. Erkläre mithilfe von Abbildung 2 den Unterschied.*

3 *Arbeite mit dem Tidekalender 3:*

a) Wann ist am 1. Juli am Strand von Westerland Ebbe?

b) Wann hat das Wasser am 9. Juli seinen Höchststand erreicht?

3 **Tidekalender von Westerland im Juli 2001**

	HW		NW	
Tag	Uhr	Uhr	Uhr	Uhr
1.	10:12	22:40	04:25	16:51
2.	11:18	23:45	05:28	18:00
3.	12:14	–:–	06:32	19:04
4.	00:39	13:02	07:28	19:57
5.	01:29	13:48	08:17	20:44
6.	02:12	14:28	09:00	21:26
7.	02:50	15:05	09:39	22:04
8.	03:27	15:40	10:15	22:41
9.	04:03	16:13	10:49	23:17

Gezeitenkalender,
auch Tidekalender genannt
tide=friesisch: Zeit

Surftipp:
Im Internet kannst du für viele Küstenorte die Gezeiten im Voraus berechnen: www.bsh.de/Meereskunde/Gezeiten

1 *Deich bei Dagebüll nach der Sturmflut am 28. Februar 1990*

Küste in Gefahr

Sturmflutwarnung für die deutsche Nordseeküste! Große Schäden sind zu befürchten. Wenn Winterstürme aus Nordwest wehen, wird mehr Wasser der Nordsee in die Deutsche Bucht getrieben als bei normalen Fluten. Das Wasser fließt bei Ebbe nicht zurück und staut sich zur **Sturmflut** auf. Erreicht der Sturm Orkanstärke, peitscht das aufgewühlte Meer haushohe Wellen gegen die Küste. In den letzten 50 Jahren hat die Häufigkeit von Sturmfluten zugenommen.

Einen natürlichen Schutz gegen das Meer bieten bisher noch die breiten Sandstrände der Inseln und die sich dahinter erhebenden **Dünen**. Sie bestehen aus dem Sand, der am Strand bei Ebbe trockenfällt und vom Wind transportiert wird. Strandhafer und Stranddisteln halten mit ihren Wurzeln den Sand der Dünen fest und schützen so die Insel.

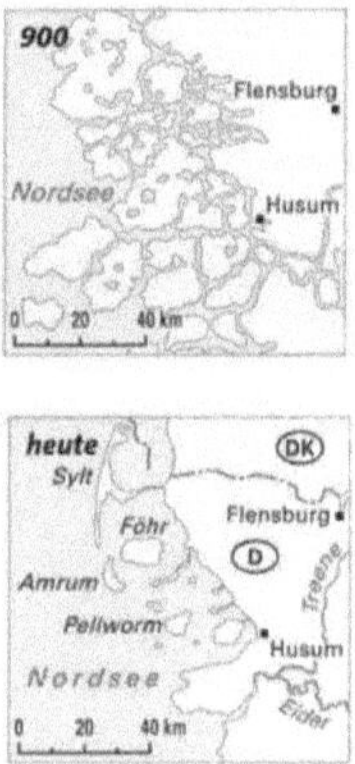

2 *Nordfriesische Küste*

3 **Aus dem Sturmflutkalender**

16.1.1362: „Erste Große Mandränke": schwerste Sturmflut aller Zeiten. 100000 Tote; 30 Dörfer im Meer versunken;

11.10.1634: „Zweite große Mandränke": 44 Deichbrüche; über 6000 Menschen und 50000 Tiere ertrunken, Untergang großer Teile der Nordfriesischen Inseln;

24.12.1717: Weihnachtsflut: 20000 Menschen und 100000 Tiere ertrunken; 5000 Häuser weggerissen;

3./4.2.1825: „1. Februarflut": Größte Sturmflut im 19. Jahrhundert; 800 Tote;

16./17.2.1962: „2. Februarflut"(Hamburg-Sturmflut): 312 Tote, 60 Elbdeichbrüche, 20000 Menschen evakuiert;

3.1.1976: Jahrhundertflut: höchste Sturmflut, viele Deichbrüche; keine Todesopfer;

25.11.1981: Vierte große Sturmflut im 20. Jahrhundert; keine Deichbrüche.

26.–28.2.1990: Am Festland bei Dagebüll nur Schäden am Deich.

Hochwasserstände und Entwicklung der Deiche

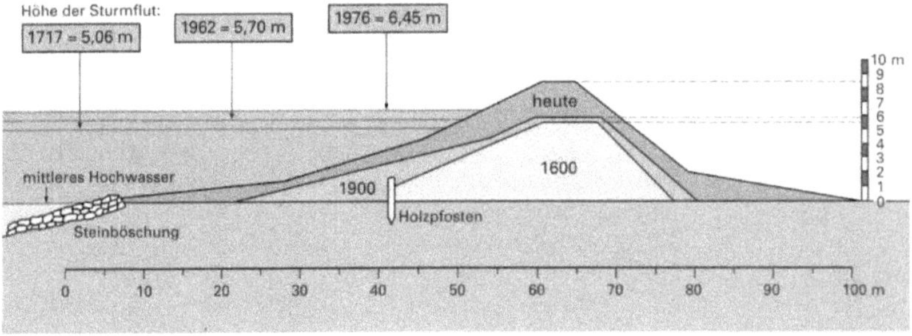

Hochwasserstände und die Entwicklung der Deiche

Experiment: Einen Deich testen

Material: *Getränkedose mit Sand gefüllt als Welle, flache Holzplatte als Deich, Holzbrett als Anlauffläche.*

Durchführung: *Ein Schüler lässt die „Dosenwelle" die Anlauffläche herunterrollen, während ein anderer die Holzplatte flach geneigt in den Weg hält.*

Beim nächsten Versuch wird der Deich viel steiler gegen die Rampe gehalten.

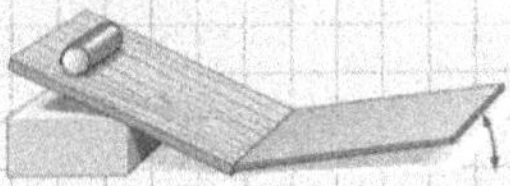

Auswertung: *Vergleicht die Beobachtungen der Versuche mit unterschiedlichem Neigungswinkel. Überlegt wie der Bau eines idealen Deiches aussehen müsste.*

Deiche

Bereits vor ca. 1000 Jahren begannen die Menschen die Festlandsküste mit Deichen zu schützen, da der Meeresspiegel anstieg. Dieser Prozess hält bis heute an, sodass die Deiche ständig erhöht werden mussten. Vor dem Deich ist das Vorland, auf dem im Sommer die Schafe weiden. Bei den Sturmfluten im Herbst und Winter können sich hier die Wellen auslaufen. Auf der Deichkrone verlaufen heute vielfach Radwege.

1 *Erkläre, wie sich die Menschen an der Küste vor den Gefahren des Meeres schützen.*
2 *Vergleiche den Küstenverlauf Nordfrieslands früher und heute (Karten 2).*
3 *Beschreibe und begründe die Entwicklung der Deichbauten 3 seit 1600.*
4 *Warum ist Sylt bei Sturmfluten stärker gefährdet als andere Inseln?*

Das Watt lebt

Moin, moin, – ich bin Willy, der Wattwurm, und ihr habt euch tatsächlich zu einer Hausführung bei mir angemeldet? Na, dann nichts wie los...

Das Wattenmeer, das solltet ihr vorweg schon wissen, gehört zu den schützenswertesten Naturlandschaften Europas. Ebbe und Flut haben hier einen auf der Erde einzigartigen Lebensraum für viele Pflanzen und Tiere geschaffen. Der überwiegende Teil der 2000 Tierarten lebt im oder auf dem Wattboden.

Strandkrabbe

Darf ich bekannt machen: meine Nachbarin, die Strandkrabbe, eine recht schreckhafte Bewohnerin des Watts, die es vorzieht, sich bei Gefahr sofort in den Boden einzugraben. Sie ist schon seltsam: Statt geradeaus zu laufen, bewegt sie sich seitwärts fort. Deshalb trägt sie auch den plattdeutschen Namen „Dwarslöper" (Querläufer). Die Strandkrabbe ist der bekannteste Krebs der deutschen Küsten und ernährt sich vor allem von Muscheln.

Wattwurm

Vorsicht! Jetzt wärt ihr fast auf meinen Onkel getreten. Seht ihr denn nicht das Kothäufchen am Boden? Es zeigt an, dass ein Watt- oder Pierwurm in der Nähe ist. Wir Wattwürmer leben nämlich ca. 30 cm tief im Wattboden und fressen uns durch den Sand. Natürlich müssen wir den Sand auch wieder los werden – schmeckt ja nicht so sonderlich – so entstehen die Kothäufchen. Aber keine Sorge: Wenn wir was richtig Nahrhaftes essen wollen, bevorzugen wir Kieselalgen.

Küstenseeschwalbe

Kommt weiter – es gibt noch viel zu sehen. Dort drüben auf der Salzwiese seht ihr die Küstenseeschwalbe. Eigentlich sieht sie ganz friedlich und hübsch aus mit ihrem roten Schnabel und der schwarzen Kopfplatte. Doch Vorsicht, sie ist eine meiner Feindinnen, denn sie hat sich ausgerechnet Wattwürmer auf ihrem Speiseplan vermerkt. Da muss man ganz schön auf der Hut sein. Und auch Touristen, die ihrer Brut zu nahe kommen, haben nicht viel zu lachen. Bei einer Störung am Nest reagiert die Küstenseeschwalbe sehr aggressiv.

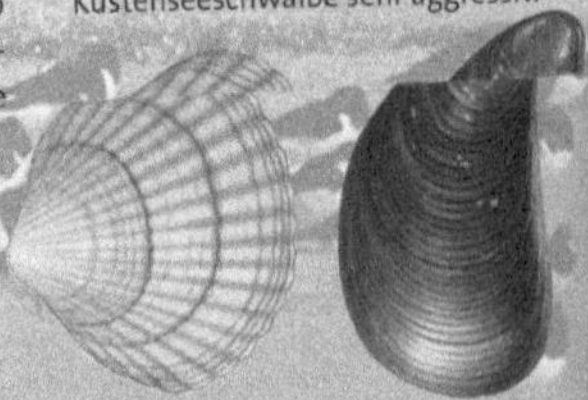

Herzmuschel und Miesmuschel

Aber hallo, hier treffen wir Familie Herzmuschel und Miesmuschel! Die Herzmuschelmitglieder sehen immer etwas schmutzig aus mit ihrer schmuddelig weißen bis bräunlich-gelben Schale. Sie sind unscheinbar und werden bis 5 cm im Durchmesser groß. Nicht so groß also, wie die blauschwarze Miesmuschel, die bis zu 10 cm lang werden kann. Das sind ganz raffinierte Wattbewohner,

100

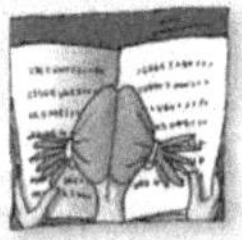

sag ich euch. Sie heften sich mit ihren speziellen Fäden am Untergrund fest, sodass es mit der Zeit zur Ausbildung ganzer Miesmuschelbänke kommen kann – ein Familientreffen also.
Etwas Gemeinsames haben aber beide Familien: Den Menschen schmeckt ihr Inneres gut – mir ist das egal, solange sie keine Würmer essen.

Austernfischer
Vorstellen möchte ich euch noch den Austernfischer, ebenfalls Wattbewohner, schwarzweiß gefiedert, rote Beine, roter Schnabel. Meint, er sei etwas Besseres und gibt mit seinen Balzgeräuschen „kliep, kliep" oder dem Trillernden „kewick, kewick" an. Argwöhnisch bewacht er sein Nest.
In Wirklichkeit ist er aber ein wahrer Schuft: er ernährt sich nämlich von Würmern (!) und Muscheln.

Seehunde und Robben
Das sind angenehme Zeitgenossen, die sich nur in der Größe (Robben werden größer als Seehunde) und in der Kopfform (Robben haben einen kegelförmigen Kopf) unterscheiden. Sie sind meistens weit draußen auf den Sandbänken zu finden, scheuen Menschen, leben in Rudeln und benötigen etwa 5 kg Nahrung am Tag. Diese besteht vor allem aus Fischen, Tintenfischen und Krebsen.
Immer wieder finden Strandwanderer „verlassene" junge Seehunde, die vermeintliche Klagelaute ausstoßen (daher der Name Heuler). Es sind junge Robben, die über die Laute Kontakt zu ihren Müttern halten. Wer einen Heuler entdeckt, sollte einen großen Bogen machen, da Jungtiere, die von Menschen angefasst wurden, von ihren Müttern nicht mehr angenommen werden. Sie sind dann ein Fall für die Aufzuchtstation.

Flunder
Ich muss euch unbedingt noch von den Fischen erzählen: Das sind nämlich in meinen Augen auch alles „Verbrecher". Schließlich ernähren sie sich von meinesgleichen, Muscheln und Garnelen. Aber weit und breit ist kein Fisch in Sicht – logisch: Es ist ja Niedrigwasser! Aber von der Flunder solltet ihr trotzdem etwas wissen: sie ist nämlich in der Nordsee weit verbreitet und ist ein typischer Bodenfisch, das heißt, dass sie sich gerne am Boden bewegt und ihm auch farblich angepasst ist.

Fertige für die verschiedenen Tiere Steckbriefe an (berücksichtige dabei: Aussehen der Tiere, Nahrung, besondere Merkmale). Du kannst sie außerdem malen. Erkläre, warum man von Vögeln und Seehunden, die im Wattenmeer leben, Abstand halten muss.

Nationalpark Wattenmeer

→ *Nationalpark Sächsische Schweiz, Seite 212*

Ein einzigartiger Lebensraum

Das trockengefallene Watt knistert leise, im flachen Wasser tummeln sich Garnelen und kleine Fische, rauschend steigt ein riesiger Vogelschwarm in die Luft. Seehunde ziehen auf den Sandbänken ungestört ihre Jungtiere auf. Hier ist die Kinderstube vieler Nordseefische. Und auf den Salzwiesen sammeln sich in jedem Frühjahr und Herbst Millionen Zugvögel. Salzwiesen das sind jene Bereiche zwischen Wattenmeer und Deich, in denen nicht nur Vögel, sondern auch seltene Pflanzen leben. Der Queller zum Beispiel, der Salzwasser verträgt, oder auch der farbenfrohe Strandflieder, der mit seiner lila Farbe Tagpfauen und andere Schmetterlinge anlockt.

Wegen seiner Artenvielfalt gilt das Wattenmeer vor der niederländischen, deutschen und dänischen Nordseeküste als einzigartiger Lebensraum.

Naturschutz – warum?

Das Wattenmeer ist für viele Tiere und Pflanzen lebenswichtig. Deshalb ist der Schutz der Meere und ihrer Tier- und Pflanzenwelt weltweit eine wichtige Zukunftsaufgabe.

Würde das Wattenmeer zerstört, hätte das nicht nur Auswirkungen auf die Fischerei, sondern auch die Vogelwelt großer Gebiete der Nordhalbkugel. Eine wichtige „Raststätte" auf dem Vogelzug könnte nicht mehr angeflogen werden. Ein zerstörtes Wattenmeer wäre auch für Feriengäste nicht mehr attraktiv. Damit verlören viele Orte an der Küste ihre wichtigste Einnahmequelle.

Naturschutz ist an der Nordsee also eine besonders wichtige und vor allem lohnende Aufgabe. 1986 wurden deshalb drei Nationalparks eingerichtet: Schleswig-Holsteinisches Wattenmeer. Niedersächsisches Wattenmeer, Hamburgisches Wattenmeer

Was ist ein Nationalpark?
Ein Nationalpark ist ein Schutzgebiet, in dem sich die Natur weitestgehend ungestört und möglichst ursprünglich entfalten kann.
Es handelt sich meist um großflächige Gebiete mit einer wertvollen Naturausstattung. Hier gelten besondere Schutzbestimmungen bzw. Vorschriften für die Nutzung durch Touristen.

Schutzzonen
Zum Schutz des Wattenmeeres wurde der Nationalpark in drei verschiedene Zonen aufgeteilt: Ruhezone, Zwischenzone und Erholungszone.
- Ruhezone: Hierzu gehören alle Wattflächen und Seehundsbänke, Dünen und Salzwiesen. In diesem Bereich gelten die strengsten Regeln. Touristen dürfen diese Zone nicht oder nur auf extra markierten Wegen betreten. Vor allem die Tiere sollen nicht gestört werden. Fisch- und Krabbenfang sind hier nur eingeschränkt erlaubt.
- Zwischenzone: Das Betreten der Zone, Wattwandern und Boot fahren sind hier erlaubt. Einzelne Gebiete, zum Beispiel Brutgebiete dürfen nur auf markierten Wegen begangen werden.
- Erholungszone: In diese Zone fallen die Badestrände sowie die Erholungs- und Kureinrichtungen. Strandbuggies oder Motorfahrzeuge sind verboten.

1 Weshalb ist es wichtig, das Wattenmeer zu schützen?
2 Begründe die Notwendigkeit, im Nationalpark Ruhezonen einzurichten.
3 Suche mithilfe des Atlas weitere Nationalparks in Deutschland.

Nationalpark Wattenmeer

Unterschiedliche Interessensgruppen im Nationalpark Wattenmeer
Naturschutz: Erhaltung des auf der Welt einmaligen Lebensraumes.
Fischerei: Ganzjährige Krabbenfischerei im Wattenmeer.
Schifffahrt: Freies Befahren des Wattenmeeres, z. B. zu den Seehundsbänken.
Seevogeljagd: Jagd auf Brandenten und Brandgänse.
Industrie: Ansiedlung von Industrie an der Küste, Förderung von Rohstoffen, z. B. Erdöl, Bau von Windkraftanlagen.
Fremdenverkehr: Wattwanderungen und Feriensiedlungen in den Schutzzonen.
Landwirtschaft: Beweidung der Salzwiesenflächen durch Großvieh.
Küstenschutz: Großzügige Eindeichung von Wattflächen.

1

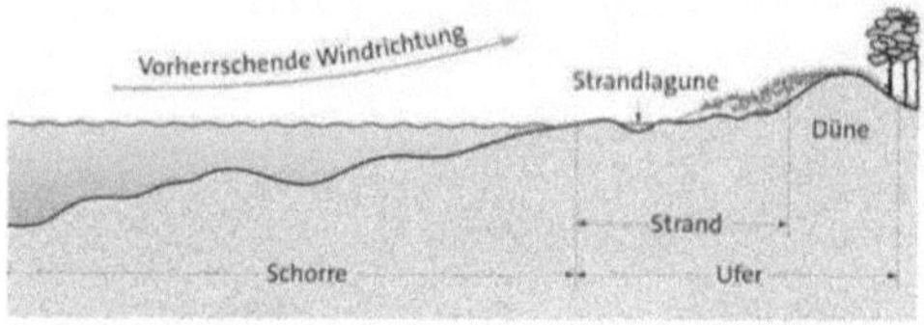

2 *Profil einer Flachküste*

3

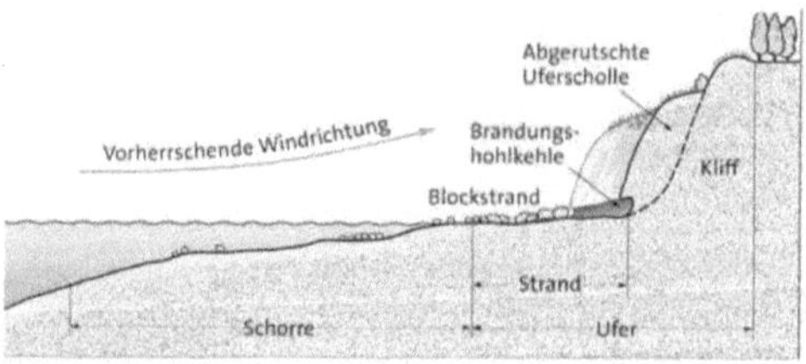

4 *Profil einer Steilküste*

Küstenformen an der Ostsee

Steilküsten und Flachküsten

Von den Gezeiten spürt man an der Ostseeküste kaum noch etwas. Aber die Wellen und starke Strömungen verändern auch hier die Küstenlinien. Dort, wo die Küste steile Hänge aus festem Fels oder aus eiszeitlichen Moränen bildet, sind **Steilküsten** entstanden. Die Brandung nagt an diesen Steilhängen. So wird allmählich das Steilufer – das sogenannte Kliff – zurückverlegt.

Die **Flachküsten** bestehen aus feinerem Material, aus Sand und Kies. Auch sie verändern „ihr Gesicht". Kräftige Winde transportieren die feinen Sandkörner in das Land hinein. Meereswellen tragen Sand und Geröll von der Küste ab.

Ausgleichsküste

Die Buchten und Bodden entstanden, als das Meer nach dem Abschmelzen des Inlandeises die wellige Landschaft überflutete. Die Bodden bildeten sich dort, wo höher gelegene Moränen nicht vom Meer überflutet wurden.

Durch die Arbeit des Meeres wird die ehemals stark gegliederte Küste immer mehr begradigt. Solche ausgeglichenen, fast geradlinig verlaufende Küstenabschnitte bezeichnet man deshalb als **Ausgleichsküste**.

Das Meer zerstört also nicht nur ständig, sondern baut auch wieder auf. Abgetragenes Material wird durch Wellen und Meeresströmungen sortiert, weggetragen und an anderer Stelle wieder abgelagert. Man nennt diesen Vorgang Strandversetzung.

5 Ostseeküste bei Heiligenhafen

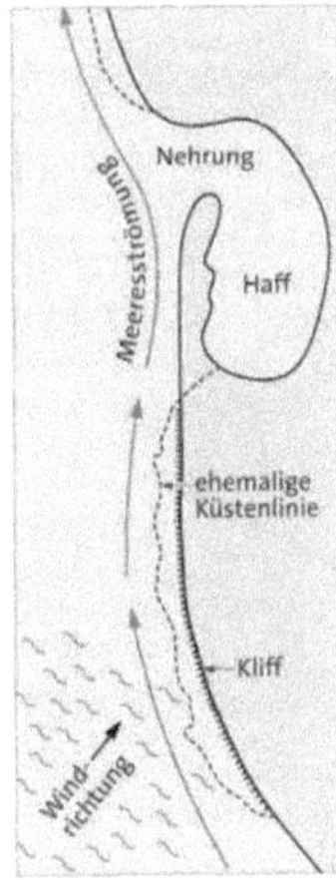

7 Ausgleichsküste

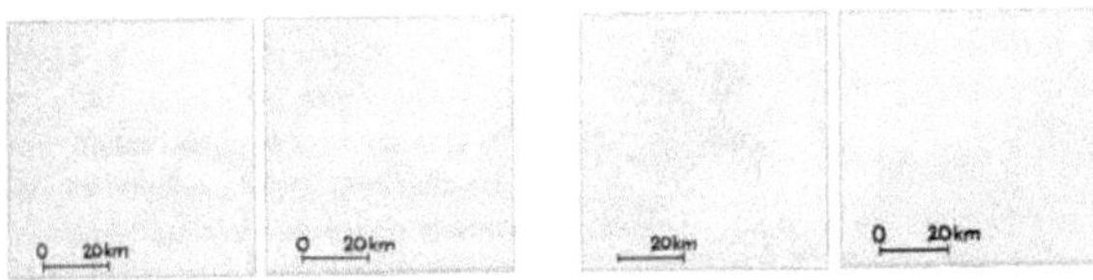

6 Fördenküste | Buchtenküste | Boddenküste | Ausgleichsküste

Küstenschutz

Auch die Ostseeküste muss vor den Naturgewalten geschützt werden. In das Meer gebaute Buhnen aus Holz oder Beton sollen die Wellen „brechen" oder dafür sorgen, dass der Sand nicht fortgeschwemmt wird.

Vor allem das Kliff der Steilküsten muss vor weiteren Abbrüchen geschützt werden. Ebenso wie an der Nordseeküste bepflanzt man die Dünen mit Strandhafer und spült an einigen Stellen Sand auf den Strand.

1 *a) Beschreibe mithilfe der Fotos 1 und 3 die Steilküste und Flachküste.*
b) Erkläre mithilfe der Skizzen 2 und 4, wie Wasser und Wind diese Küsten verändern.

2 *Arbeite mit dem Atlas: Ordne die Küstenformen 6 jeweils Abschnitten der deutschen Ostseeküste zu.*

3 *Beschreibe das Luftbild 5. Benutze dabei Begriffe wie: Kliff, Flach- und Steilküste, Nehrung, Strand.*

4 *Grafik 7: Erkläre die Entstehung einer Ausgleichsküste.*

Schorre
Untergrund, der vor dem Kliff durch das Wasser abgeschliffen wird.

DEGN, C. /1966): Topographischer Atlas Schleswig-Holstein: 91 Kartenausschnitte. - 3., erweiterte und überarbeitete Auflage. Neumünster.

GIERLOFF-EMDEN, H. G. (1980): Geographie des Meeres: Ozeane und Küsten: 2. Teil. - 1. Auflage. Berlin/New York.

HASSENPFLUG, W. (1985): An Nord- und Ostsee. 1. Auflage. Husum.

HOPLEY, D. (2007): The Geomorphology of the Great Barrier Reef. -1. Auflage. Cambridge.

KARDINAL-FRINGS-GYMANSIUM (Jahr unbekannt): Lehrplan Erdkunde: 5./7./9. Klasse.

KELLETAT, D. (1989): Physische Geographie der Meere und Küsten. - 1. Auflage. Stuttgart.

KELLETAT, D., SCHEFFERS, A. (2009): Kliffrückgang und Blocktransport an den Westküsten der Britischen Inseln. - Marburger Geographische Schriften 145: 112-139.

KLETT-Verlag (Jahr unbekannt) A: Terra Erdkunde für Nordrhein-Westfalen. 5. Klasse.

KLETT-Verlag (Jahr unbekannt) B: Terra Erdkunde für Schleswig-Holstein: 5./6. Klasse

KULTUSMINISTERIUM SCHLESWIG-HOLSTEIN (Jahr unbekannt): Lehrplan Erdkunde.

LUCK, G (1976): Das niedersächsische Wattengebiet. - Das Wattenmeer: 63-76.

ROBINSON, D. (2006): European Shore platform dynamics. - Zeitschrift für Geomorphologie 144. Berlin.

SCHOU, A. (1945): Det marine Forland. Copenhagen 1945.

SWANTESSON, J. O. H. (2006): Methods for measuring shore platform micro erosion. - Zeitschrift für Geomorphologie 144: 1-17.

VEENSTRA, H (1976): Struktur und Dynamik des Gezeitenraums. - Das Wattenmeer. Neumünster: 19-46.

WHITTOW, J. B. (1978): Geology and scenery in Ireland. Middlesex.

WILHELMY, H. (1992): Exogene Morphodynamik: Karstmorphologie, glazialer Formenschatz, Küstenformen. - 6., neubearbeitete Auflage. Berlin/Stuttgart.

ZEPP, H. (2008): Geomorphologie: Eine Einführung. - 4., aktualisierte und erweiterte Auflage. Paderborn.

Abbildungsverzeichnis